计算机
美术基础

第二版

主 编 汤永忠

U0190537

color

Art

ZHONGDENG ZHIYE JIAOYU
JISUANJI ZHUANYE XILIE JIAOCAI

重庆大学出版社

内容简介

在中职学校，许多选择计算机设计及相关专业的学生，并未接受过系统的美术和审美教育，这就需要补习这方面的知识。本书将美术及审美教育体系中的各门学科串在一起，介绍了美术常识、构图常识、素描基础、色彩基础、平面构成、字体设计等美术设计基础知识；特别是由简到繁、深入浅出地介绍了计算机美术在标志设计、广告设计、包装设计、书籍装帧设计、网页设计等方面的应用及其制作技术与方法。

本书是中等职业学校计算机专业学生的美术基础课程用书，也可以作为从事计算机设计的相关人员的参考用书。

图书在版编目(CIP)数据

计算机美术基础 / 汤永忠主编.—重庆：重庆大学出版社，2009.1（2023.6重印）
（中等职业教育计算机专业系列教材）
ISBN 978-7-5624-4627-9

Ⅰ.计…　Ⅱ.汤…　Ⅲ.图形软件—专业学校—教材　Ⅳ.TP391.41

中国版本图书馆CIP数据核字（2008）第130425号

中等职业教育计算机专业系列教材
计算机美术基础
第二版

主　编　汤永忠
责任编辑：李长惠　李兆飞　王　研　　版式设计：刘智勇　莫　西
责任校对：任卓惠　　　　　　　　　　　责任印制：赵　晟

*

重庆大学出版社出版发行
出版人：饶帮华
社址：重庆市沙坪坝区大学城西路21号
邮编：401331
电话：（023）88617190　88617185（中小学）
传真：（023）88617186　88617166
网址：http://www.cqup.com.cn
邮箱：fxk@cqup.com.cn（营销中心）
全国新华书店经销
重庆巍承印务有限公司印刷

*

开本：787mm×1092mm　1/16　印张：13.25　字数：331千
2009年1月第1版　2017年7月第2版　2023年6月第19次印刷
印数：75 001—79 000
ISBN 978-7-5624-4627-9　定价：48.00元

进入21世纪，随着计算机科学技术的普及和发展加快，社会各行业的建设和发展对计算机技术的要求越来越高，计算机已成为各行各业不可缺少的基本工具之一。在今天，计算机技术的使用和发展，对计算机技术人才的培养提出了更高的要求，培养能够适应现代化建设需求的、能掌握计算机技术的高素质技能型人才，已成为职业教育人才培养的重要内容。

按照"以就业为导向"的办学方向，根据国家教育部中等职业教育人才培养的目标要求，结合社会行业对计算机技术操作型人才的需要，我们在调查、总结前些年计算机应用型专业人才培养的基础上，重新对计算机专业的课程设置进行了调整，进一步突出专业教学内容的针对性和实效性，重视对学生计算机基础知识的教学和对计算机技术操作能力的培养，使培养出来的人才能真正满足社会行业的需要。为进一步提高教学的质量，我们专门组织了有丰富教学经验的教师和有实践经验的行业专家，重新编写了这套中等职业学校计算机专业教材。

本套教材编写采用了新的教育思想、教学观念，遵循的编写原则是："拓宽基础、突出实用、注重发展"。为满足学生对计算机技术学习的需求，力求使教材突出以下几个主要特点：一是按专业基础课、专业特征课和岗位能力课三个层面设置课程体系，即：设置所有计算机专业共用的几门专业基础课，按不同专业方向开设专业特征课，同时根据专业就业所要从事的某项具体工作开设相关的岗位能力课；二是体现以学生为本，针对目前职业学校学生学习的实际情况，按照学生对专业知识和技能学习的要求，教材在编写中注意了语言表述的通俗性，以任务驱动的方式组织教材内容，以服务学生为宗旨，突出学生对知识和技能学习的主体性；三是强调教材的互动性，根据学生对知识接受的过程特点，重视对学生探究能力的培养，教材编写采用了以活动为主线的方式进行，把学与教有机结合，

JISUANJI MEISHU JICHU

XUYAN

序言

　　进入21世纪，随着计算机科学技术的普及和发展加快，社会各行业的建设和发展对计算机技术的要求越来越高，计算机已成为各行各业不可缺少的基本工具之一。在今天，计算机技术的使用和发展，对计算机技术人才的培养提出了更高的要求，培养能够适应现代化建设需求的、能掌握计算机技术的高素质技能型人才，已成为职业教育人才培养的重要内容。

　　按照"以就业为导向"的办学方向，根据国家教育部中等职业教育人才培养的目标要求，结合社会行业对计算机技术操作型人才的需要，我们在调查、总结前些年计算机应用型专业人才培养的基础上，重新对计算机专业的课程设置进行了调整，进一步突出专业教学内容的针对性和实效性，重视对学生计算机基础知识的教学和对计算机技术操作能力的培养，使培养出来的人才能真正满足社会行业的需要。为进一步提高教学的质量，我们专门组织了有丰富教学经验的教师和有实践经验的行业专家，重新编写了这套中等职业学校计算机专业教材。

　　本套教材编写采用了新的教育思想、教学观念，遵循的编写原则是："拓宽基础、突出实用、注重发展"。为满足学生对计算机技术学习的需求，力求使教材突出以下几个主要特点：一是按专业基础课、专业特征课和岗位能力课三个层面设置课程体系，即：设置所有计算机专业共用的几门专业基础课，按不同专业方向开设专业特征课，同时根据专业就业所要从事的某项具体工作开设相关的岗位能力课；二是体现以学生为本，针对目前职业学校学生学习的实际情况，按照学生对专业知识和技能学习的要求，教材在编写中注意了语言表述的通俗性，以任务驱动的方式组织教材内容，以服务学生为宗旨，突出学生对知识和技能学习的主体性；三是强调教材的互动性，根据学生对知识接受的过程特点，重视对学生探究能力的培养，教材编写采用了以活动为主线的方式进行，把学与教有机结合，增加学生的学习兴趣，让学生在教师的帮助下，通过对活动的学习而掌握计算机技术的知识和操作的能力；四是重视教材的"精、用、新"，根据各行各业对计算机技术使用的需要，在教材内容的选择上，做到"精选、实用、新颖"，特别注意反映计算机的新知识、新技术、新水平、新趋势的发展，使所学的计算机知识和技能与行业需要相结合；五是编写的体例和栏目设置新颖，易受到中职学生的喜爱。这套教材实用性和操作性较强，能满足中等职业学校计算机专业人才培养目标的要求，也能满足学生对计算机专业技术学习的各种需要。

　　为了便于组织教学，与教材配套有相关教学资源材料供大家参考和使用。希望重新推出的这套教材能得到广大师生喜欢，为职业学校计算机专业的发展作出贡献。

中等职业学校计算机专业教材编委会

2008年7月

随着计算机技术的发展和推广,在计算机中进行各种数字设计已相当普遍。比如,为一个企业设计标志、为一种产品设计广告或包装、为一本书设计封面、为一个网站设计网页……但要创作出令人(可能是客户)满意的作品,只懂得操作计算机软件是远远不够的,还必须具备基本的美术知识和审美常识。否则,我们的作品就会显得不协调、不美观,不能给人以美的感受。

然而,在中职学校中,许多学生选择了计算机设计及相关专业,此前却从未系统地接受过美术和审美教育,这就需要补习这方面的知识。本书正是从这种实际情况出发,将美术及审美教育体系中的各门学科串在一起,这些学科包括美术起源、美术分类、素描基础、色彩基础、构图基础、平面构成、字体设计等,其中每个学科涉及的内容都不多,但都是该学科中最重要、最精华的知识,我们希望通过这些知识的学习和熏陶,提高大家的审美意识和审美水平。

本书共有7个模块,前面6个模块的主要目的是培养学生基本的审美理念,让学生对诸如哪些颜色搭配在一起是和谐的、应当如何构筑画面中各种元素的相对位置关系等问题做到心中有数。在最后一个模块中,我们特意选择了在实际应用中最为常见的标志设计、广告设计、包装设计、书籍装帧设计和网页设计作为实例,向大家展示前面那些审美理念是如何体现在具体设计中的。

我们认为,有了这门课做基础,有助于大家将技术和艺术有机地结合起来,创作出更好的作品!

本书由汤永忠主编;模块一、模块四由陈光乾编写;模块二、模块七的任务四、任务五由陈良华编写;模块三由罗红编写;模块五由汤永忠编写;模块六、模块七的任务一由谭鹏编写;模块七的任务二、任务三由邓健编写。

编者
2017年6月

JISUANJI MEISHU JICHU

QIANYAN

前言

模块四　构图常识

模块五　平面构成

模块六　字体设计

模块七　计算机美术的应用

模块一

美术常识

模块综述

通过对本模块知识的学习，你将了解到美术的起源与人类历史发展，美术起源不是单一因素的产物，也不是史前人乱涂乱画的无意识而为。原始人的刻画、记录、符号都与他们的生活有密切的关系。是他们对生活现状的一种记录。

劳动创造了人，劳动创造了生活，劳动创造了世界也创造了艺术。

美术是范畴中一个重要的分支，通常称为"造型艺术""视觉艺术"或"空间艺术"。美术分类有绘画、雕塑、建筑、工艺美术、摄影和书法等常见艺术形式。

计算机用于数字设计是人类文化与科技发展的必然，学习基本的美术常识是每一个从事数字设计的人应当具备的基本素质。

通过本模块的学习，你将能够：

⊕ 了解"美术起源"，欣赏有趣的原始"美术"作品。

⊕ 了解美术的基本概念及各类美术形式的基本知识，掌握基本的审美技能，感受艺术形式之美。

任务一 美术的起源

任务概述

通过"美术起源说"的几种观点介绍，了解人类美术起源的基本脉络并从中领会人类劳动与艺术活动的关系。人类的艺术行为主要起源于人类自身的实践过程。劳动不仅创造了人类，还创造了生活，创造了世界也创造了艺术。

知识窗

现存的大量史前人类的岩画、岩雕、洞穴画，引起了人们的广泛兴趣和探索，在对原始人创作这些神秘绘画的意图做出种种推断和假设并结合人类学、社会学、行为学理论的研究、考证后形成的各种学说，称为"美术起源说"。

美术起源于何时，至今在学术界都没形成一个统一的观点，众说不一，几种代表性的观点有：巫术说、摹仿说、游戏说、劳动说，如下表所示。

美术起源说基本观点对照表

美术起源说	主要观点	文物资料
巫术说	原始人对大自然中的闪电雷鸣、季节变化的现象感到神秘，觉得万物有灵，就在其虔诚地进行巫术活动过程中，认认真真进行了我们现代人称为艺术的"艺术创造活动"。从而源起了人类艺术脉络的源头	西安半坡《人面鱼纹盆》彩陶
摹仿说	此学说认为，原始人的思维能力有限，美术是其在努力寻求征服异己和满足自身思想愿望的过程中，摹仿存在的生活空间和事物的行为状态，对大自然的种种认识逐步提高的表现	西班牙阿尔塔米拉洞穴壁画《野牛》
游戏说	原始人在为了维持生存而奔波后，劳动之余，要放松，要玩耍，在这种游戏活动中，他们把自己认为有趣的现象刻、涂在石壁、洞穴上，这就可能给予了他们"艺术"思考和创作	花山岩画《舞蹈图》
劳动说	人类的艺术行为主要起源于人类自身的实践过程，原始社会人类和其他动物一样，面对大自然时显得渺小无奈，为了生存发展，在不断演变的过程中，要进行大量的劳动实践活动，才能发达和完善双手及大脑器官，从而制造出劳动工具，再度发展到能用自己的双手描绘劳动的画面，由此可见，劳动创造了人，劳动创造了生活，劳动创造了艺术	岩画《狩猎》

　　由上述几种观点来看，美术的起源不可能是某种单一因素，而是各种因素兼而有之，相互交错。史前绘画，不是原始人乱涂乱画的无意识而为，美术起源说的各种观点可以从现已出土的原始"美术作品"中得到验证。原始人的刻画、记录、符号都与他们的生活有密切的关系，是他们对生活现状的一种记录。

　　人类几千年的文明史证明：劳动创造了人类，劳动创造了生活，劳动创造了世界也创造了艺术。

想一想

　　1. 几种"美术起源说"的基本观点是什么？
　　2. 为什么说劳动创造了人类，劳动创造了生活，劳动创造了世界也创造了艺术？

任务二　美术的含义及分类

任务概述

　　在本任务里，你会进一步地了解美术。美术又称为"造型艺术"、"视觉艺术"或"空间艺术"；美术是用一定的物质材料塑造可视的（平面或立体）艺术形象，反映客观世界和表达作者对客观世界的感受的一种艺术形式。

知识窗

　　我国古代并无"美术"这一说法，美术是从英文"Art"翻译过来的，原意指"自然造化外"的"人工技艺"，但"Art"在中文中又常译成"艺术"。在欧洲文艺复兴以前，艺术和美术的含义一样，没有区别。实际上艺术的范畴更为广泛，它包括音乐、舞蹈、戏剧、文学等。

一、美术的含义

　　美术的种类较多，传统美术分为绘画、雕塑、工艺美术和建筑。而人们通常把美术理解为绘画和雕塑，这是不全面的。现代美术的分类，不仅包含了传统美术的四大类，还要融入现代科技发展而产生的新的美术种类。因此，现代美术的种类应分为绘画，雕塑，建筑，工艺美术设计，摄影与书法等。

由于美术作品都是用一定的物质材料塑造的可视平面或立体的艺术形象，反映客观世界和表达作者对客观世界的感受。所以，美术又称"造型艺术"、"视觉艺术" 或"空间艺术"，这是基于它们的共同特点。但具体到每一种美术门类以及每一个艺术家及其作品又有一些特殊性。美术表现形式上分为具象（写实性）、意象（写意性）、抽象（表现性）三类；从美术流派上又可分为古典主义、现实主义、印象主义、表现主义、超现实主义、超级写实主义等。

［意］ 达芬奇油画 《蒙娜丽莎》

徐悲鸿 中国画 《奔马》

建筑 《北京天坛》

二、美术的分类及特点

1.绘画

绘画用笔、刀等工具，墨、颜料等，在纸张、木版、纺织物、墙壁等载体上，运用线条、色彩、明暗、构图等艺术手段，创造出占有一定平面空间的视觉形象。如中国画、素描、水彩画、水粉画、油画等。

［北宋］张泽端 中国画 《清明上河图》

陈光乾 素描 《人体》

谭鹏 水彩画 《古镇》

陈光乾 水粉画 《晨辉》

［法］柯罗 油画 《林中仙女之舞》

2. 雕塑

以各种可塑的（如蜡、黏土等）可雕刻或铸造、焊接，集合的（如金属、石、木、塑料、玻璃钢等）材料，制造出各种具有实在体积的"三维空间"形象。制作技法上分为塑造、雕刻、铸造和集合几类。包括圆雕、浮雕、透雕的具象、意象或抽象形态。

［法］卡尔　浮雕 《花神》　　　　　　　　　［意］贝尼尼　圆雕 《阿波罗和达芙丽》

3.建筑

建筑是指建筑物和构筑物的总称，是人类用物质材料修建或构筑的居住或活动场所。通过建筑的实体与空间，包括周围自然环境的统一组织和艺术处理。建筑艺术具有实用价值和审美价值，工程技术和艺术手段紧密结合的产物。不同的建筑具有不同的民族精神、文化价值、生活习俗、时代特征、技术水平和建筑材料。

［意］古罗马建筑 《大角斗场》　　　　　　　　［澳］建筑 《悉尼歌剧院》

4.工艺美术

工艺美术又称为实用美术，是采用各种物质材料和不同工艺技巧制成的各种与实用相结合，并具有欣赏价值的工艺品。工艺美术是与人们的物质生活和精神生活，以及生产技术关系最为密切的一种美术形式。分为工艺美术（实用工艺类和陈设工艺类，有陶瓷、玻璃器具、金属雕刻、木雕刻、玉石雕刻、象牙雕刻、刺绣栏屏等）和艺术设计（工业设计、平面设计、展示设计、室内外环境设计、服装设计等）。

［明代］《青花龙寿纹扁壶》　　冯久和　寿山石雕　　［意］《花坛式玻璃吊灯》　　［荷］《红黄蓝三色椅》
　　　　　　　　　　　　　《花果累累》

5.摄影

拍摄者使用照像机反映社会生活和自然现象、表达思想感情。根据艺术创作构思，运用摄影造型艺术创作，利用摄影技巧，经过暗房或计算机数码技术进行后期处理，制成有艺术感染力的照片。有人物、动物、植物、静物、风景、建筑等形态。

［美］亚当斯　摄影　《月升》

［加］卡什　摄影
《愤怒的丘吉尔》

6.书法

书法是我国传统造型艺术之一。主要是通过用笔、墨、点画结构、行次章法等造型美来表现人的气质、品格、情操，从而达到美学的境界。书法是线条的艺术，在技法上讲究执笔、用笔、用墨、点画、结构、章法、韵律、风格等，尤其讲究笔法，笔势，笔意才能达到尽善尽美。书法字体分为篆书、隶书、楷书、行书、草书等。

王羲之　书法　《兰亭序》

 想一想

1.你能解释美术的含义吗？

2.美术有哪些种类？试以1~2件美术作品为例，结合所学知识阐述其所用工具材料和体裁形式特点。

任务三 计算机与美术的关系

任务概述

　　计算机进入艺术设计领域，在我国，也就是20来年的历史。在现代信息和计算机数字技术十分普及的今天，计算机作为一种技术手段为美术创作提供了更大的方便，同时也能创造出具有自身特性的作品，很多艺术家也开始认识到计算机可以作为一种有效和独特的创作工具。

　　本任务将让我们了解计算机美术的发展概况、计算机与美术的关系。

廖钟　计算机　《某酒店室内设计效果图》　　　　　　　汪强　计算机　《游戏人物》

一、计算机与美术的关系

　　人类社会已进入信息时代，而信息时代的基础则是计算机和通信以及两者的紧密结合。这种结合正在改变着人们的生活、学习和工作方式，推动着社会的进步。人人必然要和计算机交往。这种交往是用与计算机硬件不可分割的软件来实现的。因此，学习计算机美术，就是要熟练掌握计算机软件技术和必须的美术基础知识与基本技能，为使自己能更好地从事设计工作奠定基础。

　　绘画和设计在构思创意过程中必须依赖形象思维。现代设计在从构思到变为产品这一过程中，造型、结构、色彩的创造和表现都离不开造型基本技能，离不开形、体、色的准确把握。设计师要具备对物体结构的观察能力、对物体色彩的感知力和概括能力，才能在设计准备和构思阶段更好地发挥创造性思维的能动作用。而这一能力则必须经过一定的美术造型基本训练才能形成。

　　现代设计是"艺术、科学、商业"三重概念的综合体，涵盖了创意、创作和实现价值的过程。设计的任何产品在传达意图和引导消费之时，必然要带给人们美的感

8

受。设计作为视觉艺术，主要是通过视觉来传达美感，是将文化进行视觉化、艺术化，是艺术化了的文化。因此，学习计算机美术，不仅要熟练掌握计算机技术，知晓美术基本知识和必要的技能，还要吸取相关学科知识，丰富自己的文化和思想内涵，自觉置身于美术实践与审美体验中，提高审美和创意表达能力。

传统美术与计算机美术的比较

名称	工具	操作	造型基本元素与技术要求	结果特点	所需基本素质
传统美术	纸（布）、笔、刀、颜料、调和剂等	笔、刀等手绘技术	线条、明暗、构图、形体、结构、色彩（物质）造型技能要求较高、不易修改、复制	个性化与独创性，用于展览、收藏，属于艺术美学范畴	美术造型基础知识、基本技能、审美能力、形象思维与创意表达能力、创造能力
计算机美术	计算机硬件、软件程序	键盘、鼠标、数字化（图形、图像）技术	点线面、黑白灰（明暗）、构成（构图）、版式、色彩（光学），有一定造型基本能力，修改、复制、传输快捷	准确性、通俗性，用于传播、沟通属于传播学范畴	美术造型基础知识、基本技能、审美能力、形象思维与创意表达能力、创造能力

二、美术实践与审美体验

美术体验应起源于美术活动中，美术体验分直接体验和间接体验两种。

① 直接体验是通过美术技能训练、美术作品欣赏，获得美术的基本知识和造型技巧（素描、色彩、字体、版式、摄影等），以及直接的情感和审美体验。是体验者最直接、最强烈、最深刻的情感和审美体验的有效途径。

谭鹏 《素描景物》　　　　　　　　　　　学生习作 《色彩景物》

〔西〕 毕加索 《阿维尼翁少女》

〔俄〕 康定斯基 《光之间，第559号》

〔奥〕 克里姆特 《女人的三个阶段》

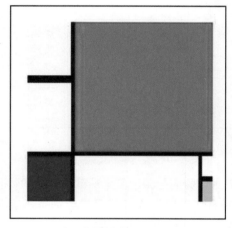

〔荷〕《蒙德里安红黄蓝的构成》

　　② 间接体验是通过语言文字、图片、影视媒体、模型得到的情感和审美体验。直接体验是包容性的、全方位的；与此相反，间接体验则多依赖于单一的传媒体，再加上传媒体又受到操纵者情感趣味、认识等主观因素的影响，因此它传播的信息一般都是经过选择的，甚至是经过夸大的。间接体验者接收到的是信息的一部分而不是事物整体，易产生以偏概全的不实情感。所以，有志于从事计算机美术事业的人，必须尽可能多地进行直接的体验，并辅以间接的体验感受、更深刻、更微妙、更准确、更广泛地把握人生和自然的脉搏。

想一想

　　你是怎样理解计算机与美术的关系？应从哪几个方面入手学好计算机美术？

模块二

素描基础

模块综述

计算机美术设计属于艺术设计领域，这需要有一定的造型能力和造型基础。素描是一切造型艺术的基础，当然也是一门独立的艺术。在这里我们能够学习到一些素描的基础知识，让我们了解到造型的一些基本原理和基本方法，对我们学习电脑美术设计带来一些造型上的帮助。同时我们也能欣赏到一些素描名家名作，提高我们的艺术修养。

通过本模块的学习，你将能够：

⊕ 了解素描的基础知识。

⊕ 了解素描造型基本因素。

⊕ 欣赏名家名作。

任务一　素描的基础知识

任务概述

了解素描的概念与含义，了解写实素描的表现方法。

一、素描的概念

素描在绘画艺术中是相对于色彩而言的，从广意上讲它泛指一切手绘的单色图画。素描有着多姿多彩的风格样式、方法流派和理论体系。具体来讲它可概括为两方面的内容：

（1）素描是绘画艺术造型语言的基础，除了色彩方面的内容外，素描包含了绘画造型艺术的一切基本法则、规律和要素，因而对于绘画基础训练，素描可提供认识论和方法论的研究内容。

（2）素描是绘画艺术领域中一种独立的表现手段和艺术样式，是一个独立的画种。

二、写实素描的表现方法

1.以线带调子式素描

线是最简单、最原始、最具表现力的绘画语言。这一类型的素描首先建立在对线的观察理解之上。线和色调是造型的基本要素，其中线是主导，严格准确地描绘出对象的轮廓，而明暗色调的表达和滋生则依附于线，简略概括地提示出对象的形体关系和肌理效果，呈现出深入细致的写实效果。文艺复兴时期的古典绘画大师，以及后来的安格尔·怀斯等大都采用此类素描。其基本特点是对边缘线准确清晰的描绘，即注重对事物形的把握。

2.体面式素描

现象世界是立体而非平面的，强调事物的立体空间结构是这一类型素描观察理解方式的核心，其基本造型语言是面，对象在立方体块

安格尔·怀斯作品

面化的概括提炼中，体面转折结构获得了强烈的富于力度的立体效果。苏俄体系的绘画体现了这类素描的造型观念。体面式素描的基本特征是将一切对象理解为由各种不同的透视斜面组成，因而注重对事物体面关系的把握。

3.结构式素描

结构式素描是以表现物体结构为目的的绘画形式。倾注于对事物内轮廓或解剖构造及组合的观察和分析，明暗关系基本上被抛弃或忽略不计，而主要以线为手段，几何化的线框强调出物体的构造特征。使其获得归纳和提炼性的确认。目前欧洲艺术学院的工业造型设计专业，通常以此类素描为其基础训练素描。

4.光影式素描

没有光，事物无法呈现出视觉形象，只能给人以触觉感受。有光就有影，光和影构成的明暗关系成为色调深浅变化的依据。对光影色调效果的模仿和利用是光影素描表现的兴趣中心。其效果特点是色调丰富、边缘的虚实处理以及光感和空间感的表现逼真。

结构式素描

光影式素描

 想一想

1.什么叫素描？

_____

2.素描是怎样分类的？有何特点？请填写在下表中：

素描的分类	特　点

任务二 素描造型基本因素

任务概述

在素描学习过程中，无论我们面对什么课题，需要解决的形与体问题和把握的概念都是共通的，而素描造型基本因素较多也较复杂。我们在这里只列举了几个常见的和对电脑美术设计造型基础有帮助的因素。因此，我们有必要首先了解它们。

一、形与体

形，即物体的平面形状，它表现为物体的外部轮廓或剪影影像。在我们的视觉中，任何物象都有其形状。形是素描造型中的平面视觉因素。

体，即物体的体积。再小的物体都有体积，它以物体不同方向的三个维度，即长度、高度、厚度占有空间。体是素描造型中的立体视觉因素。

二、形体与体面

体面，即形体外表的面向。体面方向的衔接与组合关系即为体面关系。体面的转折连接处，表现为轮廓线或结构线。三个以上的体面汇聚交接成的尖角称为点，凸起来的为"高点"或"骨点"，凹下去的为"低点"或"伏点"。

形体的体面基本呈现为两个方面的内容：

（1）不同方向的体面　体面必然呈现出方向，比如正面、侧面、水平面、垂直面、倾斜面等，体面方向性的把握是塑造和表现物体立体性和体积感的关键。

（2）不同性质的体面　体面通常呈现为平面和曲面两类性质，其中曲面，实际也可理解为体面方向呈渐变状态的细小平面的"光滑连接"。

三、线与面

在三维立体的对象世界里，线本来是不存在的。而在画面这个二维平面上，我们实际是用线来表现与视线平行方向的体面，即物体的边缘，它因透视的极其压缩进而窄缩为线，成为轮廓线。

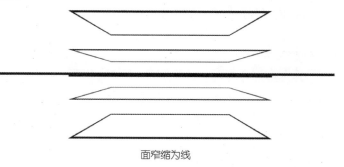

面窄缩为线

线与面是相生相依的，形体的任何一个面，都可以在方向的变换中窄缩为线，而线也会在形体转动时扩展还原为面。

线与面是相生相依

四、结构

结构在造型艺术中，首先是指包含于物象外在形态之中的内部构造。如人或动物的外部形态，即由其内部骨骼肌肉的解剖构造所形成。其次是指物体的造型特征，即寓于物体复杂的外部形态之中的单纯的几何性特征。自然状态中的物体无论其外部形态如何复杂多变，都可以用几何形体来概括。几何特征的把握需要我们以一种提炼和归纳的方式观察和理解复杂的现象、世界。其三是指物象各组成部分之间的榫接、楔合关系。

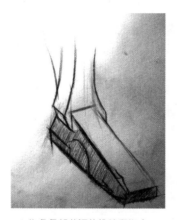

物象各部分间的榫接和楔合

五、结构与形体

结构是形体的内在本质，形体是结构的外部呈现。结构与其外部的形体关系，在素描表现中是一个本质性的恒定不变的造型因素，而光影及其明暗色调，则属现象性的可变的造型因素。因而，在三度空间素描中，结构与形体的关系是一个重点。

六、明暗与调子

物体的形象在光的照射下，产生了明暗变化。光源一般有自然光、阳光、灯光（人造光）。由于光的照射角度不同、光源与物体的距离不同、物体的质地不同、物体面的倾斜方向不同、光源的性质不同、物体与画者的距离不同等，都将产生明暗色调的不同感觉。在学习素描中，掌握物体明暗调子的基本规律是非常重要的，物体明暗调子的规

律可归纳为 " 三面五调 " 。

1."三大面"

物体在空间中呈现出的三维立体特性，复杂的形体可以无限地分解为若干不同方向的透视斜面，故有古人"石分三面"的说法。而转折方向不同的面在一定的光照下，可分为背光面、正受光面、斜受光面，即所谓"三大面"。

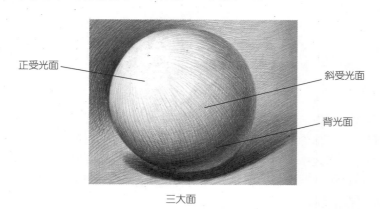

正受光面

斜受光面

背光面

三大面

2.光影"五调子"

调子是由光产生的，立体物象的各个转折面以不同角度接受光源，形成了深浅不同的色阶，这就是调子。物体调子的变化是丰富微妙的，但归纳起来，可概括为5个层次，以圆球为例，调子从亮到暗依次为：亮色调、灰色调、明暗交界线、反光、投影。

（1）亮色调　沐浴在光源照射下的部分。

（2）灰色调　物体受光线侧射的部分，是受光较弱的亮部，故也中称中间调子。

（3）明暗交界线　物体受光与背光的交界地带，暗部从这里开始，也是暗色调中最重的部分，因为它未受环境反光的影响。

（4）反光　由物体的背光部分接受邻近物的反射所形成，在由明暗交界线、反光、投影所构成的暗部这个整体中，反光是相对亮一些的调子。

（5）投影　物体在放置物上产生的阴影，因物体遮挡光线而产生，其边缘离物体近则实，远则虚，受光线照射的物体都有投影相随，除非将其高高悬置空中。

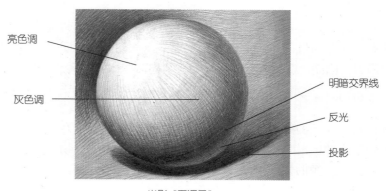

亮色调

灰色调

明暗交界线

反光

投影

光影"五调子"

七、透视

一切物象都占有一定的空间，物与物之间也存在着一定的空间距离。如绘画者与被画物的空间距离、被画物之间的空间距离、被画物本身前后的空间距离，被画物与背景的空间距离……在素描中，利用物体的透视变化产生距离感、表现空间的技法，最基本的是透视原理的运用。

1.平行透视

当立方体的一个面与画面平行时所产生的透视现象称为平行透视。因为这种透视现象中只有一个消失点，故也称"一点透视"。

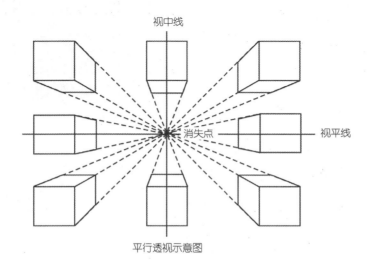

平行透视示意图

2.成角透视

当立方体的一个角正对绘画者时，立方体所有的面都产生透视变化称为成角透视。这种透视现象中只有两个消失点，故也称"两点透视"。

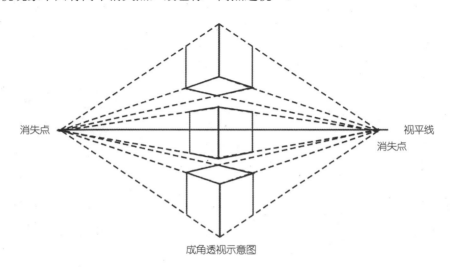

成角透视示意图

八、人体比例

1.三停五眼

头部的1/2点是眼睛的位置，横比为五眼，纵比为三停。

三停：发际线至眉线=眉线至鼻底线=鼻底线至颏线

五眼：头部左边外半轮廓到左眼外眼角的宽度=左眼宽度=两眼间距离的宽度=右眼宽度=右眼外眼角到头部右边轮廓

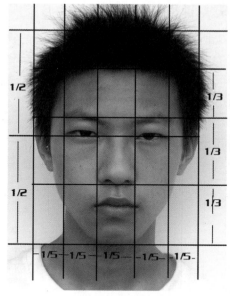

人物头部比例示意图

2.人体比例

以一个头长为单位，一般人的普通身高为7个半头长，高矮变化以此为基准增加或减少。其中手臂从肩峰至指端为3个头长。腿由耻骨起到足底为4个头长。此外脚长为1个头长，手掌为2/3个头长。

人体在坐肢时为5个头长。盘坐时为3.5个头长。

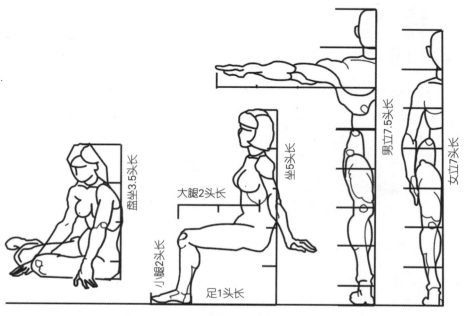

人体比例示意图

想一想

1. 光影"五调子"是怎样产生的？它们分别是哪些？分布在物体的哪些部分？

_____

2. 一般人体站立比例是怎样的？人体在坐和盘坐的比例是怎样的？

_____

试一试

你能根据透视原理画出透视示意图吗？

任务三 素描作品欣赏

任务概述

通过对名家素描作品的欣赏，让我们认识那些优秀的绘画作品，加深我们对素描的认识。

丢勒是德国文艺复兴时期最伟大的艺术家，多才多艺，学识渊博，不仅是油画家还是铜版画家、雕塑家、建筑师。在欧洲他是最早表现农民和下层人民生活的画家之一。

丢勒 《手》

这是一双表现劳动人民的手的作品，丢勒从不同角度仔细表现了这双手饱经风霜，因艰苦劳动而手指骨节显得粗大的特征，同时也表现了劳动人民对命运的祈求。

丢勒素描作品

安格尔是法国新古典主义绘画大师，他的素描线条凝练、流畅、高度概括。凝练、流畅的线条不仅表现了衣纹的起伏，还恰当地表现了质感。

安格尔素描作品

毕加索创作的《亚威农少女》以及和勃拉克于1908年发起的立体主义探索，被认为是西方现代艺术的真正发端。

毕加索的一些素描作品中也体现他对立体主义的探索，在这些素描作品中把立体形象解析重构表现在平面上，追求几何式形体的美，追求形体的排列组合所产生的美感。

毕加索素描作品

　　美术史上经典的素描作品数不胜数，感兴趣的同学可以通过相关的美术书籍或者网络加深你对素描的理解。

想一想

　　你对丢勒的素描作品《手》是怎样理解的？

模块三

色彩基础

模块综述

　　色彩是一门基础学科。人们在任何时候都离不开色彩，日常生活中的衣、食、住、行等都富含色彩元素。物质生活的提高，使人们对美的追求又有了更高的目标，既要讲实际又要讲美观。所以对于设计者来说，色彩设计是重要的一环。

　　通过本模块的学习，你将能够了解：

- ⊕ 色彩的基础知识。
- ⊕ 色彩的视觉规律。
- ⊕ 各类色彩对人心理、生理产生的感受与联想。

掌握

- ⊕ 色彩的配色方法和技巧。
- ⊕ 色彩在计算机中的运用。

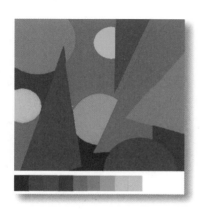

任务一　色彩的基础知识

任务概述

本任务讲述色彩的来源和色彩的三大类型，帮助大家认识纷繁复杂的色彩；讲述色彩的三要素，为大家掌握调色的方法打下坚实的基础；讲述色彩的冷暖性质,引导大家对色彩的感情认识。

一、色彩的来源

一个人处在伸手不见五指的黑夜，是什么也看不见的，一旦有那么一束光线的照射，红的、黄的、绿的、蓝的物体便呈现了出来。因此，色彩是由光产生，光是色彩之源。

光的来源有很多种，而色彩学正是以太阳光为标准来解释光和色这一物理现象的。光实际是靠光波的速度来完成，不同波长的光波产生不同的颜色，人的眼网膜收到的光做出的反应，就是我们通常看到的各种颜色。波长在380～455 nm的光呈紫色，455～492 nm的光呈青色，492～577 nm的光呈绿色，577～597 nm的光呈黄色，597～622 nm的光呈橙色，622～780 nm的光呈红色，波长在380～780 nm之间的这段波谱也被称为可见光。物体的表面分子反射某一种色彩，同时吸收其他色彩，我们看到的正是被反射出来的那一种色彩。例如黄色的花，是因为它的表面分子结构反射了577～597 nm这段呈黄色的辐射，吸收了其他波长的辐射；而绿色的叶子，反射了492～577 nm这段呈绿色的辐射，吸收了其他波长的辐射……而我们所见到的白色的物体，是因为它的表面分子结构反射了所有波长的辐射；相反，所有波长的辐射被吸收，物体颜色也就是黑色了。

不同质地（表面分子结构）的物体，对光的吸收和反射的强弱也不同。一般来说，质地粗糙、颜色深的物体对于色光是吸收多、反射少，这类物体固有色感强，如土陶罐、毛绒、木柴、棉布等；而质地光滑、颜色浅的物体对色光吸收得少、反射强，这类物体环境色感强，如铀陶、金属、玻璃等。

想一想

1. 你身边的物体是什么颜色？它们是对哪种波长辐射的吸收或反射？
2. 说出3个反射597～622 nm橙色光的物体。

二、色彩的三大类型

1.三原色与三间色

三原色，即红色、黄色、蓝色，是用其他颜色不能调配出来的色彩，但能混合成其他颜色，也称第一次色。

特点：所有颜色中纯度最高，即最为纯净、鲜艳；三原色相混合是纯度最低的黑灰色。

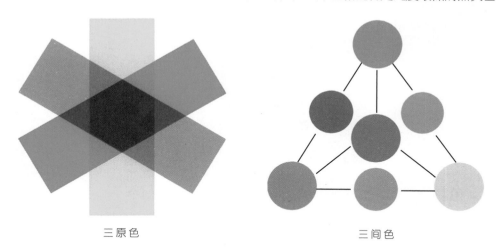

三原色　　　　　　　　　　　三间色

三间色，即橙色（红+黄）、绿色（黄+蓝）、紫色（蓝+红），是由两种原色相混合而成的颜色，也称第二次色。

特点：两种原色不同分量混合可产生不同的间色，如黄绿色、蓝绿色等；间色的纯度仅次于原色，色彩学中把原色、间色6种色称为标准色。

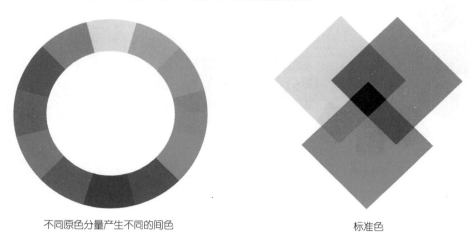

不同原色分量产生不同的间色　　　　　　　标准色

2.复色与补色

复色，又称第三次色，它的调配方式很多，主要介绍两种：三原色相加为复色（黑色）；两种或两种以上的间色相加为复色（各种灰色）。

补色，又称互补色。三原色中的一色与其他两原色相混合成的间色是互为补色关系，如红色—绿色（黄+蓝）、黄色—紫色（红+蓝）、蓝色—橙色（红+黄）。

特点：每一组互补色都是一明一暗，一冷一热；互为补色的两种色是最能满足人们视觉平衡的色彩组合。

练一练

1.用三原色调和成三间色？三间色是哪三种颜色？

2.用三原色调和出黑色。

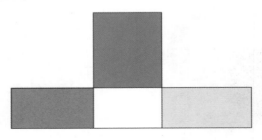

三、色彩的三要素

1.色相

色相即颜色的相貌，是一种颜色区别于另一种颜色的表面特征。熟悉色相就能让我们认识和调和色彩，色相是色彩中最重要最根本的要素。

12色相环　　　　　　　　　　　　　明暗程度

2.明度

明度即颜色的明暗、深浅程度。它有两种含义：

①颜色本身的明暗程度；

②同一色相受光后产生的明暗层次，即明度色阶。

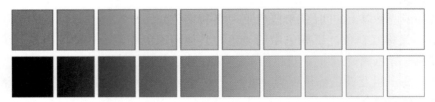

明度色阶

3.纯度

纯度即颜色本身的纯净程度，也称饱和度。色彩中三原色纯度最高，其次是三间色，再次就是复色。刚从锡管里挤出来的颜色都是纯度较高的，经过不同色相的颜色调和后，色相减弱，纯度降低，一种色彩加白加黑后也会出现同样的现象。

纯度色阶

 想一想

怎样理解明度的两种含义？

练一练

用自己喜爱的图形制作色相环、明度色阶和制作纯度色阶。

四、色性

一般把色彩的冷暖感觉称为色性。因为色彩本身没有冷暖的特性，所以色性只是一种心理感受。在对自然界事物的长期接触和认识中，积累了生活感受，由色彩产生一定的联想，如：绿色使人联想到树、植物，使人感到到清凉、希望；红色让人联想到火、鲜血、太阳，使人感到热情、奔放、灼热等。在色环上，由于红黄色有温暖、热烈的感觉，红、黄系统的色彩称为暖色调；蓝色、蓝绿色由于看上去寒冷、清凉，蓝、蓝绿系统的色彩称为冷色调。

暖色调

冷色调

　　紫色居于红、蓝之间，金、银、黑、白、灰五色在色彩感觉上也属于中性，称为中性色，它们能和任何色彩协调。

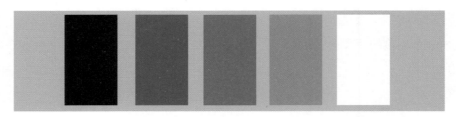

中性色

　　色彩的冷暖并不是绝对的，而是相对的。同一类色系中也可以比较出冷暖，如黄色系中，柠檬黄色比中黄色冷，中黄色又比橘黄色冷。紫色在红色系里是冷色，在蓝色系里是暖色。湖蓝色比钴蓝色冷，但比普蓝暖等。总之我们在观察色彩的冷暖时，要做比较，没有绝对的冷色，也没有绝对的暖色。

色彩的冷暖是相对的

 练一练

　　用冷暖色块表现春（绿色）、夏（红色）、秋（橙色）、冬（蓝色）。

任务二 色彩的视觉规律

任务概述

本任务让我们清楚了解什么是视觉色彩、视觉色彩的三大内容、视觉色彩的一般规律。

一、视觉色彩

视觉色彩就是指物体的表面颜色给我们视觉造成的印象。研究色彩的视觉规律就是研究自然界色彩的变化及其规律。

学习色彩画不是对自然对象颜色进行完全复制，而是去进行色彩研究，学画者只有不断地观察与学习，充分积累、利用经验，才能把自然界的色彩成功地表现在图画中。

物理学告诉我们，物体本身是没有色彩的，只有物体按照它的分子构造，反射光中的某个波长（色彩），才能体现物体的本色（或称固有色）。画家们为了研究方便和便于观察，把视觉色彩分为光源色、固有色、环境色。

二、视觉色彩的三大内容

1.光源色

光源色是不同的光源照射在物体上所形成的颜色关系。

日光下　　　　　　　　　　白炽灯下

褐红色陶罐

白炽灯和烛光等光照下的色彩调子，笼罩在暖黄色调中；日光灯和日光等光照下，色彩的调子笼罩在统一冷色调中。于是我们说：有各种各样的光，便有各种各样的光源色。光源色使物体亮部呈现不同偏向的亮部色彩。例如：一个褐红色陶罐，在日光下，亮部呈蓝紫色，在白炽灯下呈黄褐色。在学习中，我们研究的光源色以日光作为主要对象。

总之，光源不同，光源色也不同，不同光源色影响画面色彩的强弱、明暗和冷暖。

2.固有色

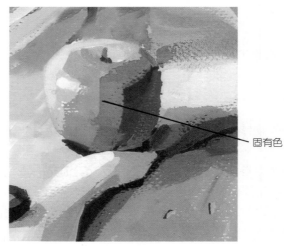

中间面体现固有色

物体本身并无恒定的颜色，但长期以来，人们习惯地认为，日光下的物体色彩就是固有色，它不仅符合人们的直观与习惯，而且方便人们对物体的色彩观察、分析和研究。如果没有这种假设，物体的色彩就很难描绘。

固有色泛指物体在中等光线下（阳光或接近阳光的日光灯等）给人的色彩印象，在具体的对象中是指中间面。

由于物体表面的质地不同，物体的固有色便呈现差异，表面越是光滑的物体，反射越强，固有色越弱。质地松软而表面粗糙的物体，反射较弱，色彩受周围环境的影响较小，所以固有色表现得比较明显。总之，观察色彩既要看得出固有色，又要看到光源色和环境色对它的影响，不能把固有色看成一成不变。

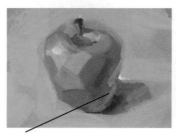

偏黄灰色

偏红灰色

3.环境色

周围环境色和物体固有色相互影响所形成的色彩关系，称条件色。它是一个非常重要的概念，它强调出画面物体相互影响的关系。

物体间的色彩是相互影响的，例如：黄色衬布上的物体，暗部反光处偏黄灰色；红色衬布上的物体，暗部反光处偏红灰色。而物体的色彩又会影响衬布的偏向，例如：在蓝色衬布上，黄色物体周围的衬布会偏黄而呈绿色；红色物体周围的衬布会偏红而呈紫色。这些色彩的偏向都是受周围环境颜色影响而形成的，所以称为环境色。

一般情况下，物体色彩中的环境色不及光源色和固有色显著，但环境色是协调画面的重要因素之一，观察环境色时应注意以下几点：

①环境色主要是影响物体的暗部，所以有人也把环境色称为反光色。

②光照强，环境反射出来的光线就越强，反光就越明显。

③物体之间的距离越近，环境色影响就越大。

④质地光滑、固有色浅淡的物体，环境色明显，如浅色釉陶罐、金属、玻璃、表面光滑的水果等。

偏绿灰色

偏黄灰色

偏红灰色

三、视觉色彩中的一般规律

在对视觉色彩进行学习时既要分清物体的色相，又要认识物体明度规律。分清物体的色相，是对大家的基本要求，掌握物体的明度、冷暖才是真正意义上的学习色彩。只要有光源就有明暗、冷暖关系。尽管这些变化复杂纷呈，但还是有一定规律可循的，只要对自然界色彩进行仔细的观察、认真具体的分析，便可摸索出如下一些规律。

（1）物体的亮面　物体的亮面分为明部、高光两个部分，主要受光源色的影响。明部受中性或较强的冷光源色影响，相对倾向于冷色，而物体的暗部相对呈暖色；反之，光源色呈暖色，物体明部色彩相对倾向于暖色，物体暗部则相对呈冷色。明部明度是物体最亮的面。高光色的冷暖，主要以光源色冷暖为主。光源直射部分就是高光色，高光在明度上是物体最亮点。

（2）物体的灰面　物体的灰面就是中间色，主要体现物体的固有色。

中间色间于物体亮面和暗部之间，不是直射光而是侧射光，受环境影响较小，色相、冷暖多以固有色的色相、冷暖为转移。在明度上是处于比亮面暗，比暗部亮的灰色面。

明部
高光

物体亮面分为明部和高光

灰色面(固有色)

中间色

（3）物体的暗面　物体的暗面一般分为：明暗交界线、暗部、反光、投影四个部分，主要是环境色与固有色的混合。四个部分处的位置不同，环境色与固有色对它的影响就不同。

①明暗交界线不受光源色影响，受环境色影响也较小，多与亮面形成冷暖对比，一般以固有色加暗即可，是物体的最暗处。

②暗部主要是环境色与固有色的混合，同时明度加暗，光的强弱，固有色纯度的高低，环境色影响的强弱，都会影响暗部色彩的冷暖、深浅。

③反光其色彩基本上与暗面是统一的，但明度上较暗部亮，受环境色的影响较大，实际上反光就是环境色映射的现象。

④投影在色彩关系中，多以物体的固有色调和环境色为主。环境色为白色时，物体固有色加它的补色进行调和，即成投影。在明度上，接近物体的投影较深，离物体渐远时，投影渐亮，直到接近环境色。

以上皆属于视觉色彩运用的一些基本规律。找出这些规律有利于我们观察色彩的冷暖、明暗变化，但不是绝对的，色彩是视觉的感受，最终要以自己的观察和感受为主。

明暗交界线
暗部
反光
投影

暗部色

想一想

1. 视觉色彩三个组成部分有哪些区别和联系？
2. 物体的暗面由哪几个部分组成？各自有什么特点？

练一练

指出下图中存在的光源色、固有色、环境色，明部、灰部、暗部以及它们所包含的内容。

任务三 色彩的心理与情感

任务概述

根据心理学的研究，人的年龄不同，对色彩的感受和喜好也不同。一般情况下，儿童喜爱单纯、无刺激的粉色，如粉红、粉绿等；成年人喜爱稳重、成熟的颜色，如宝蓝色、黑色等。不同的环境、不同的季节、不同的职业……都会影响人对色彩的喜好。不同时代的"流行色"也会影响人的色彩心理。另外，色彩的象征性也会给色彩带来某种特别的心理效应。总之，色彩是一种综合的、整体的心理反映。

一、色彩的感觉

1.色彩的进退感与大小感

色彩可以让人感觉有前后、进退的空间感。色彩的冷暖可以产生进退、大小感，在白色背景下，红色与蓝色比较，红色感觉比蓝色离我们近；用两色画同样大的面积时，感觉红色面积比蓝色大，因此我们称暖色为前进色，冷色为后退色。

前进色与后退色

色彩的明度也可以产生前后、大小感，浅色与深色比较，我们感觉浅色比深色离我们近，浅色面积也较大。这是因为明度高的色彩光亮多、刺激大。

明度产生的前后、大小感

色彩的纯度也可以产生空间感，在感觉上高纯度的色彩比低纯度的色彩离我们近，而且面积感觉较大。这是因为高纯度的色彩刺激强，对视网膜的刺激作用大。

纯度产生的空间感

色彩的进退、大小感也根据背景色的变化使人的感觉发生转变。在深色背景上，浅色有前进感，深色有后退感；在亮色背景下，深色有前进感，浅色有后退感。

深色背景下的空间感　　　　　　　　　浅色背景下的空间感

 **练一练**

画相同大小、形状，不同色彩的图形，然后观察色彩的进退、大小感。

2.色彩的轻重感与软硬感

决定色彩的轻重、软硬感觉的主要因素是明度和纯度。一般情况下，明亮的色彩感觉轻，如白色、柠檬黄色；明度低的色彩感觉重，如黑色、褐色。除此之外，物体的表面结构也给人的轻重感觉带来很大的影响，光泽、细密、坚硬的表面给人以重的感觉，松、软、粗的表面给人以轻的感觉。在明度相同的条件下，纯度高的色彩感觉轻，纯度低的色彩感觉重。明度高、纯度低的色彩感觉较软，如粉色系；明度低、纯度高或很低的色彩，有坚硬和坚固的感觉，如深蓝绿、蓝紫、黑色等。

轻重感与软硬感

3.色彩的兴奋感与沉静感

色彩影响人的情绪，不同的色彩使我们产生不同的情绪反应。暖色系中的红、橙、黄明亮而鲜艳，给人以兴奋、积极感，冷色系中的灰、蓝、蓝绿、蓝紫则给人以沉静、消极感，由此可知，色相冷暖是影响人的情感的最主要因素。另外，色彩的明度、纯度也是影响人的情感的重要的因素，色彩的明度、纯度越高，其兴奋感越强；色彩的明度、纯度越低，其沉静感越突出，较低明度、纯度的冷色，则给人以消极与忧郁感。

沉静感与兴奋感

4.色彩的华丽感与朴实感

色相、明度、纯度对色彩的华丽感与朴实感都有关联，明度高、纯度高的色彩给人华丽、明亮的感觉；明度低、纯度低的色彩，给人以朴实、无华的感觉，色调冷漠、灰暗。

华丽感与朴素感

练一练

任选一幅黑白画进行一组色感练习，表现喜、怒、哀、乐的情感色彩。

二、各种色相的心理与情感

1.红色

红色对视觉影响力最大，因为它纯度高、刺激作用大。纯红色首先使人联想到火、太阳、血液等自然现象和事物，从而使人产生温度、炎热、兴奋的感觉；也可让人联想到节日的灯笼、漂亮的红花、神圣的国旗，使人感到热情向上、活泼健康、庄严神圣；还可让人联想到战争、交通事故、传说中狰狞的面孔等。因此，红色也给人一种凶残、危险、恐怖的感觉。

纯红色

纯红色加白色成为粉红色时，使人联想到初生婴儿的肌肤、少女、春天暖洋洋天气下的花朵，因此它给人一种娇嫩、健康、甜美羞涩的感觉。

粉红色

纯红色加深色成为深红色或加蓝色成紫红色时，给人以华贵、稳重的感觉；加深绿时，则给人以憔悴、枯萎、烦闷的感觉。

深红色

2. 橙色

橙色既有红色的热情，又有黄色的明亮。它的明度仅次于黄色，强度仅次于红色，是色彩中最响亮、最温暖的颜色，是人们最喜爱的颜色之一。

纯橙色与蛋糕、油炸食品、熟透的果实的色彩相近，给人以甜蜜、成熟、喜爱的食欲感。在食品广告设计中，往往采用纯橙色。橙色也是黄色加红、稍暗于黄色的色彩。往往在黄绸缎、黄金的暗色处呈现，因而又具有华丽、辉煌的感觉。橙色醒目性强，常被用来作为提示性较强的服饰、警示标志，如清洁工的服装、栏杆上的警示灯等。

纯橙色

橙色加白色成为粉橙色时，使人联想到白炽灯、蛋糕、海绵等，给人以温馨、暖和、松软、轻巧的感觉。

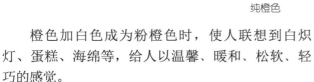

粉橙色

橙色加深色，使人联想到古董、中国特有的古木家具、茶色等，给人以沉着、老朽、古色古香、茶香的感觉。

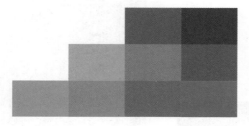

橙色加深色

3.黄色

在色相中，黄色是最明亮的色彩，给人以透明、希望、活泼、轻快的感觉。但黄色纯度较高，且色彩亮丽，稍加其他色，就会变灰、变脏，因此黄色也被认为是不稳定、轻薄的象征。另外，黄色也让人联想到中国古代帝王、皇宫饰品及黄金等，因此又给人以德高望重、富于心计、高贵、富丽等心理感受。

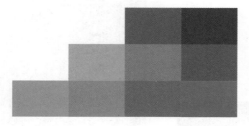

黄色

纯黄色加白色成为粉黄色时，使人联想到婴儿饰品、迎春花、油菜花等，给人以单薄、娇嫩、可爱等心理感受。

粉黄色的油菜花

纯黄色加蓝色成为黄绿色，使人联想到枯树逢春时刚发芽的景象，给人以新生、生命、清新、欣欣向荣等心理感受。

  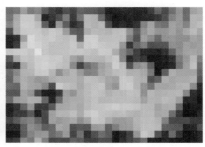

黄绿色

纯黄色加黑、灰色，使人联想到中毒，纯黄色物品上的污渍，给人以病态、肮脏、低贱、陈旧的感觉，从而让人处于没精神、不健康、没希望的状态。

纯黄色加深色

4.绿色

绿色为大自然的色调，是具有生命的植物色彩。绿色的明度不高，纯度较低，属于中性色，刺激性不大，对人的生理和心理都有极好的调节作用，是最适应人眼的色光。

绿色使人联想到树叶、草地、植物、田野等，给人以自然、清新、平静、心安、和平、生命力、安全感的心理感受。

绿色

浅绿、草绿使人联想到春天刚发芽的叶子、嫩草等，象征着春天、成长、生命和希望。

浅绿与草绿

中绿、翠绿使人联想到已长成熟的植物，代表着成熟、兴旺、理智。

中绿与翠绿

墨绿、深绿使人联想到森林、夏天的植物、深谷、清泉、深海，给人以稳重、沉默、刻苦、凉爽、幽静的心理感受。

墨绿与深绿

绿色代表大自然，能让人联想到和平、安全，因此交通安全信号、邮电通信信号都使用绿色。最信得过的食品也称为绿色食品。

5.蓝色

蓝色的明度很低，是色彩中最冷的颜色，给人冷静、深远、内在的感觉。

纯蓝色使人联想到天空、大海、平静的湖面等，给人以遥远、透明、高深、沉静、冷酷、永恒的感觉。

纯蓝色

浅蓝色给人以高雅、轻快而伶俐的感觉。

浅蓝色

深蓝色接近黑色，明度很低，给人以收缩、后退的感觉，有寒冷、恐惧和悲伤的特性，同时也极具现代感。

深蓝色

6.紫色

紫色是色相中最暗的色，相对红色系来说偏冷，相对蓝色系来说偏暖，所以也把它归为中性色。

纯紫色的物品在生活中较为稀少，所以有珍贵的特性，在配色中，也不易与其他色彩相协调，且不易用它色覆盖紫色。物以稀为贵，在服饰方面必须有绝佳的高贵气质，才能配用紫色。因此纯紫色有优美、高贵、自傲、珍贵、虚幻、魅力、神秘等特性。

纯紫色

纯紫色加白色变为浅紫色时，其特征就变成女性化的清雅、含蓄、清秀、温和、柔美。

浅紫色

紫色加黑色时，给人以虚伪、渴望、失去信心、神秘的感觉。

紫色加黑

紫色加红色时变为紫红色，给人以温暖、热情、浪漫、华贵、大方的感觉。

紫红色

7.白色

白色没有纯度，它反射的是全部可见光的色彩，被称为全色光。

白色使我们联想到阳光、冰雪、白云、白纸，使人感觉明亮、寒冷、单薄、轻盈、纯粹、神圣、失败……

白色

8.黑色

黑色也没有纯度，它完全不反射光线，为全色相中性色。黑色使我们联想到夜晚、铁块，给人以黑暗、罪恶、沉默、死亡、恐怖、沉重、坚硬、刚正、庄严、高贵等心理感受。

黑色

9.灰色

灰色也是没有纯度的中性色，居于黑白色之间，在色调组合中，黑、白、灰组合应用是最为普遍的。灰色与具有色相的色彩调和形成蓝灰、绿灰、红灰、黄灰等。这些灰色非常丰富，给人以高雅、精致、含蓄的印象。但灰色也让人联想到阴天、灰尘、阴影、乌云、浓雾。给人以灰心、平凡、无聊、消极、无主见、暧昧、顺从等心理感受。

灰色

想一想

你喜欢什么样的颜色？喜欢怎样配色？你喜欢的颜色及配色与你的性格有什么联系吗？

练一练

任选5种自己喜欢的色调图画并进行心理感受分析。

任务四　色彩的搭配与技巧

任务概述

色彩本身不具备美与丑的特征，关键在于颜色之间的搭配。我们在配色时，一般出于以下几种目的：为追求某种纯粹的意境，而为美术作品配色；为追求实用又美观而配色，如工业产品设计、服装、食品包装等的配色；为追求个人嗜好的设计，不同年龄、不同性格的人有不同的色彩偏向；为引起别人注意的特别色彩设计，如清洁工人的服装色彩、高速公路上的标志配色、建筑工人的服饰配色等。

一、色彩的搭配

以对比为主的色彩配色法：

（1）明度对比为主的配色分析，明度对比就是因明度差别而形成的色彩对比，使画面产生很强的立体感和空间层次感。

配色差在3个阶段以内的组合叫短调，是明度弱对比。配色差在5个阶段以上的组合称为长调，是明度强对比。

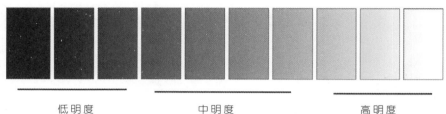

低明度　　　　　中明度　　　　　高明度

以低明度色彩为主（低明度色彩在画面面积占70％及以上）时构成低明度基调。低明度基调构成沉重、强硬、神秘、黑暗、哀伤等画面色调，它包括低长调、低中调、低短调。

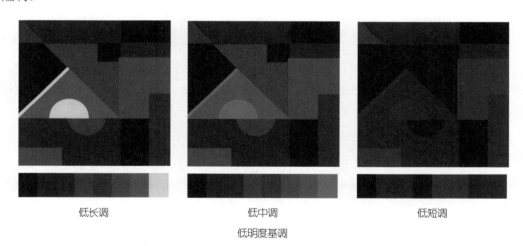

低长调　　　　　　　　低中调　　　　　　　　低短调

低明度基调

以中明度色彩为主（中明度色彩占画面70％时及以上）构成中明度基调，它能构成稳重、成熟、平凡、呆板、朴素、贫穷等画面基调，包括中长调、中中调、中短调。

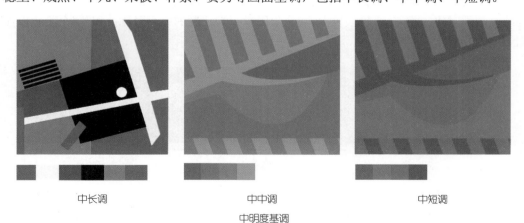

中长调　　　　　　　　中中调　　　　　　　　中短调

中明度基调

以高明度色彩为主（高明度色彩占画面70％时及以上）构成高明度基调，它能表现晴空、白雪、轻快、干净、冷淡、柔弱、病态……的画面，它包括高长调、高中调、高短调。

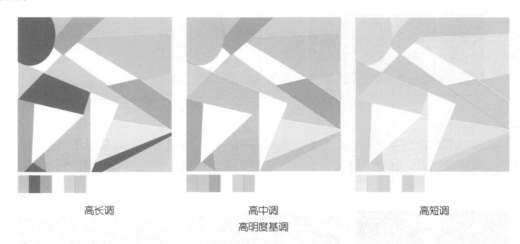

高长调　　　　　　　高中调　　　　　　　高短调

高明度基调

高、中、低长调，明度对比强，给人光感强、体感强、形象突出的感觉。高、中、低短调，明度对比弱，给人的感觉光感弱、体感弱、模糊、形象不清晰。在配色时应根据内容需要，分析以上基调，选择不同的配色方式，才能取得好的效果。

 练一练

明度对比练习：做黑、白、灰明度调子练习一张（20 cm×20 cm），然后构图不变，用相应的明度做有色彩的明度练习一张（20 cm×20 cm）。

（2）纯度对比为主的配色分析，纯度对比就是因为纯度差别而形成的色彩对比。

纯度分析：为了说明纯度问题，现将各色相的纯度统分为12个阶段。由于纯度对比的视觉作用低于明度对比的视觉作用，所以以12个纯度阶段划分的话，相差8个阶段以上为纯度的强对比；相差5个阶段以上、8个阶段以下为纯度的中等对比；相差4个阶段以内为纯度的弱对比。

高纯度　　　　　　　　中纯度　　　　　　　　低纯度

高纯度色彩在画面面积占70％及以上时，构成鲜调。鲜调给人以积极、强烈、外向、低速、热闹等画面色调，它包括鲜强对比、鲜中对比、鲜弱对比等色调。

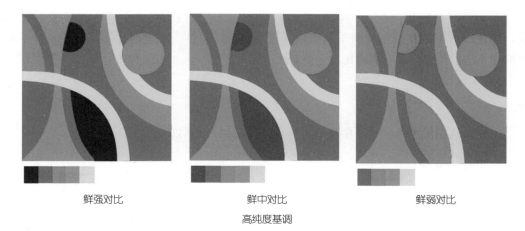

鲜强对比 鲜中对比 鲜弱对比

高纯度基调

中纯度色彩在画面面积占70％及以上时，构成中调。中调给人的感觉是中庸、朴素、内涵、稳重等画面基调，它包括中强对比、中中对比、中弱对比。

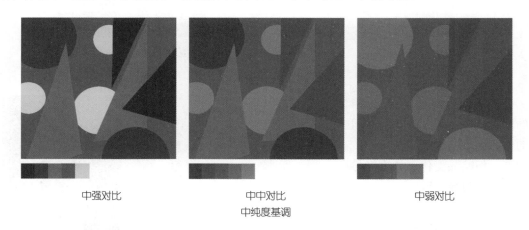

中强对比 中中对比 中弱对比

中纯度基调

低纯度色彩在画面面积占70％及以上时，构成灰调。灰调给人以肮脏、消极、郁闷、恐怖等画面基调，它包括灰强对比、灰中对比、灰弱对比。

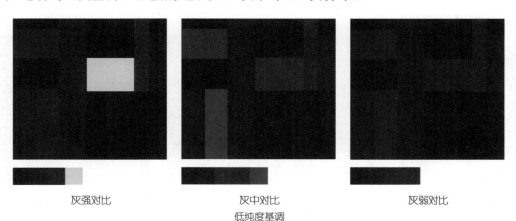

灰强对比 灰中对比 灰弱对比

低纯度基调

在运用时，应根据配色内容的需要，选择不同的纯度配色法。总之，纯度对比越强，鲜色一方的色相感越鲜明，从而增强了配色的注目性。纯度对比不足时，易产生配色模糊不清的效果，如灰弱对比、中弱对比；或产生俗、火、焦躁的效果，如鲜强对比。

练一练

用一张构图做色彩的高、中、低纯度练习3张（20 cm×20 cm）。

（3）色相对比为主构成的色调，因色相之间的差别形成的对比称为色相对比。

①同一色相对比：色相之间的差别很小，只能构成明度、纯度方面的差别，是最弱的色相对比。

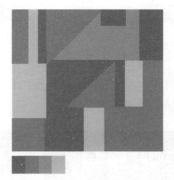

同一色相对比

②类似色相对比：是色相的弱对比，色彩之间含有共同的色相因素，因而显得统一、和谐、但略显变化，如橙红与橙黄、绿与绿黄等。

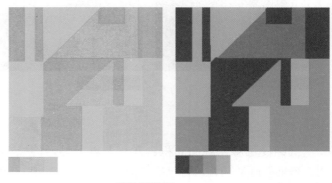

类似色相对比

③对比色相对比：是色相的强对比，对比效果鲜明、强烈，如红与蓝、橙与绿等。

对比色相对比

④互补色相对比：是最强的色相对比，能满足视觉全色相的要求，取得视觉生理上的平衡，如红与绿、黄与紫、橙与蓝。但互补色不能运用高纯度互补，否则会产生过分刺激、不含蓄的感觉，应配合纯度、明度对比运用。

互补色相对比

 练一练

1. 构图不变，变换色彩做同类色彩、对比色彩练习各1张。（20 cm×20 cm）
2. 做3组互补色对比练习。（20 cm×20 cm）

（4）冷暖对比为主构成的色调，因色彩感觉的冷暖差别而形成的对比为冷暖对比。物理学上，物质的温度是能量的动态现象，冷暖是有无热能的状态，色彩的冷暖感觉是由物理、生理、心理等综合性因素所决定的。

动态小、波长短的色彩称为冷色，如蓝、蓝绿、蓝紫。蓝、蓝绿、蓝紫能使人平静、心跳减慢，产生冷的感觉。

冷色

动态大、波长长的色彩称为暖色，如红、橙、黄。心理感觉上，红、橙、黄能让人心跳加快、血压升高，使人产生热的感觉。

暖色

我们把色相按冷暖分为6个区。

以冷暖对比为主构成的色调，冷色调为主的画面给人寒冷、清爽、空气、空间等感觉。暖色调为主的画面给人炽热、温暖、热烈、喜庆等感觉。

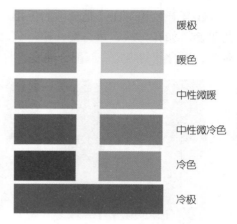

暖极

暖色

中性微暖

中性微冷色

冷色

冷极

 练一练

构图不变，做冷、暖色调为主的色调练习各1张。（20 cm×20 cm）

（5）面积对比为主构成的色调，面积对比是指各种色彩在画面构成中所占比例的多少。面积对比融合在明度、色相、纯度、冷暖对比中。

色相、冷暖为主的面积对比

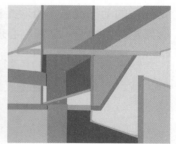

明度为主的面积对比

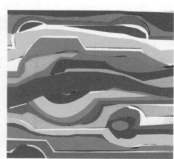

纯度为主的面积对比

想一想

怎样运用好各种对比调和方法？

练一练

用3种方法做面积对比的色彩练习。

二、配色的技巧和原则

作为设计者，配色时，应根据设计的目的与需要，考虑以下配色技巧。

1.图形色和背景色

画面最基本有两层色：一层是表现主题的色彩，就是图形色；另一层是起衬托作用的色彩，也就是背景色。

图形色和背景色

2.色的平衡

是色彩在心理上的一种相对均衡感，也是视觉上的安定感。色的平衡一般分为两种：一种是对称平衡（图形上的完全平衡）；另一种相对平衡（视觉上的相对平衡）。

对称平衡　　　　　　　　相对平衡

3.统一与变化

画面中的主色调是色的统一，与主色调相配合的是色的变化。

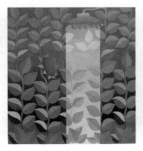

统一的紫色与黄色的变化　　　　统一的褐黄色和红绿色的变化

4.色的节奏和韵律

好的配色可以产生节奏感和韵律感，如渐变节奏、反复节奏等。它们是现代造型艺术中不可缺少的重要因素，往往使画面产生一定的动感和次序感。

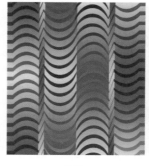 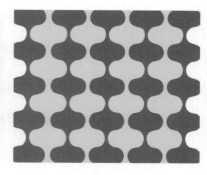

渐变　　　　　　　　　　重复

5.色的间隔

当画面色相、明度、纯度过于融合时，可采用另一种颜色进行间隔，使模糊的关系变得清晰、明朗。同时也可以让不协调的色彩，通过中性色间隔变得和谐，色的间隔是调节色彩的好方法。

色的间隔

6.色的呼应

是指画面中相配合的几种色彩在上下、左右、对角等的呼应关系，运用色的呼应时，呼应的色彩应注意面积的大小、色彩的深浅、纯度的变化。

大块红色和小块红色、大块黑色和小块
黑色、大块黄色和小块黄色的比较

练一练

运用6种配色技巧作配色练习。

想一想

怎样掌握配色的技巧？你认为怎样的配色算是美的？

任务五 色彩在计算机中的表现模式

任务概述

掌握色彩的理论基础知识之后，我们将理论付诸于实际操作。现实世界是一个绚丽多彩、色彩缤纷的世界。为了将这个世界的色彩准确地表达出来，计算机提供了多种颜色模式和颜色调整方法。色彩的理论知识虽然相同，计算机软件使用的颜色与通常手绘色彩使用的颜色却存在很大的差异，使用计算机调配颜色不需要加水、加油，不需要用画笔均匀地搅拌，不需要用户有熟练的目测颜色能力，不受温度与湿度的影响，颜色范围更加广阔，它使用各种标准的调色板、颜色混合器及颜色模式来选择和创建颜色，并可随时进行复制，以上这些是计算机与手绘颜色模式和调整方法上的不同之处。

下面我们介绍计算机常用的4种颜色模式。

一、RGB颜色模式

RGB颜色模式是一种加色模式，图像使用红（Red）、绿（Green）、蓝（Blue）3种颜色分量，图像中每个像素的每种颜色分量可取从0（黑色）～255（白色）范围的强度值，其混合颜色即为该像素的颜色，多达1 670万种。绝大部分的可见光谱可以用红、绿、蓝（RGB）三色光按不同比例和强度的混合来表示，这种颜色模式主要用于计算机屏幕显示。

二、CMYK颜色模式

CMYK颜色模式是一种减色模式，主要用于印刷。C（Cyan）代表青色，M（Msgenta）代表品红色，Y（Yellow）代表黄色，K（Black）代表黑色。CMY 分别是红、绿、蓝的互补色，由于这3种颜色混合在一起只能得到暗棕色，而不是真正的黑色，所以另外引入了黑色。在CMYK图像中，当所有的分量的值都是0%时，会产生纯白色。当用印刷色打印制作的图像时，使用CMYK颜色模式。

三、HSB颜色模式

H，S，B是描述颜色的3个基本特征，分别表示色相、饱和度和亮度。色相是从物体反射或透过物体传播的颜色。在0～360°的标准色环上，色相是按位置度量的。在通常情况下，色相是由颜色名称标志的，如红、橙、黄、绿。饱和度是指颜色的强度或纯度。饱和度表示色相中灰色成分所占的百分率。在标准色轮上，从中心向边缘饱和度是递增的。亮度是颜色的相对明度程度，用0%（黑）到100%（白）的百分率来度量。

四、Lab颜色模式

Lab颜色模式的颜色设计与设备无关，不管是什么设备（如打印机、扫描仪或显示器）创建或输出图像，这种颜色模式产生的颜色都保持一致。

想一想

1. RGB颜色模式与CMYK颜色模式的区别？
2. 颜色的3个基本特征是什么？

模块四

构图常识

模块综述

在这一模块内容中,你将接触到具体的美术技法,构图技巧及形式美法则。通过构图概念和基本构图法则的学习和范例分析,明确构图对于美术作品及版式设计的重要意义,后期的学习和从事版式设计有着重要的作用。

通过本模块的学习,你将能够:

⊕ 明确构图的含义以及构图所包含的各因素的本质。

⊕ 从系列美术、版式设计作品的分析中学会构图方法,掌握基本的形式美法则和构图技巧,并应用于版式设计的练习之中。

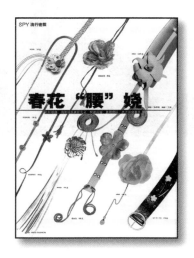

任务一 构图的含义

任务概述

通过这一任务的学习，理解构图的含义，构图就是画面的"结构"，通常呈几何形态。

构图，是指形象在画面中占有的位置空间所组成的画面结构形式，因此又称为"画面结构"。构图包含着许多因素，仅从画面的视觉因素来讲，就包括形体、线条、明暗、空间、色彩等。

〔俄〕 希施金 油画 《森林》

构图是一幅画的骨架，即指画中形与物之间因"点"的联系而组成的外在基本形，这一基本形通常呈几何形态。

构图总是与画的内容主题产生密切联系，尤其是对作品的意境营造、烘托，产生积极的作用——艺术效果。

一个好的构图能帮助观者理解作品的深刻内涵。

构图之于绘画，就如同结构之于文章。有了好的构思，

〔俄〕 克拉姆什柯依 《无名女郎》

仅是行文的动因，要形成一篇好文章，首先设计好通篇的结构层次，接下来再考虑文法修辞。作文是如此，作画也是如此。

想一想

什么叫构图？构图对于绘画作品有何意义？

任务二 构图的一般法则

任务概述

　　要学好构图，先应理解构图包含的各因素的本质，并掌握其形式法则要领，如"对称""均衡""主宾""虚实""明暗""节奏""韵律""多样统一"等。构图是构思的具体表现，一切构图因素和手段的应用，都要从主题、形象出发，结合一定的形式美法则，三者必需统一、协调。最好的构图是能够深刻地揭示主题并与完美的形式相结合。

　　线、形、明暗、色彩，是绘画的造型要素，也是构图的组织因素。线和形的变化、明暗的对比、色彩的配合，给人以多样性的审美情感。同样的内容、异样的构图，审美情感迥然。

　　在这在一学习任务里，你将从精选的美术作品的构图中，领悟到各种形式因素带给你的不一样的审美情感体验。

［意］ 波提切利 《维纳斯诞生》

友情提示

　　在分析美术作品的构图时，我们应当学会忽视画面中的具体形象和细节，抓住画面的主要视角形式倾向，这些形式倾向通常呈抽象的几何形态。

一、构图因素

1.线

　　线是造型的手段，是最精炼的绘画语言。线的横、竖、曲、直、折等不同变化在构图中的运用，造就各种不同的构图效果和审美情感。

　　（1）水平线　　凡是带有水平方向的横线式构图，画面给人以平和、安静和广阔的感觉，如作品列维坦《墓地的上空》。

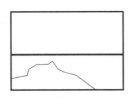

［俄］列维坦 《墓地的上空》

（2）竖线　竖直倾向的线式构图，有挺拔向上和勃勃生机的感觉，如作品东山魁夷的《红叶》。

［日］东山魁夷 《红叶》

（3）倾斜线　倾斜线的线式构图，在视觉上不稳定、使人感到不安全如作品《殉》（16世纪·佚名），但有动感、活力如作品夏加尔的《生日》。

16世纪 佚名 《殉》

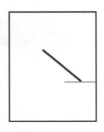

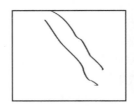

［俄］夏加尔 《生日》

（4）曲线 曲线在构图中占主导地位时，给人以优美和活力的感觉，如作品莱楚夫《雪霁》和安格尔的《泉》。

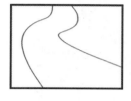

［美］ 莱楚夫 《雪霁》

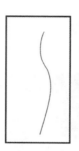

［法］ 安格尔 《泉》

2.形

形是绘画最主要的构成因素之一对构图较之明暗和色彩更为重要。对绘画的构图法应重点研究"形"（形在这里指几何形）的组合。

（1）三角形 正三角形给人以庄重、尊严、稳定、永恒之感，如作品委拉斯开兹的《教皇伊诺森西奥十世》；而倒三角形和倾斜三角形却给人一种不稳定和动荡的感觉，如作品鲁本斯《劫夺留西帕斯的女儿》。

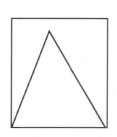

［西］ 委拉斯开兹 《教皇伊诺森西奥十世》

（2）锯齿形　锯齿形让人感到痛苦和紧张与不安，如作品勃鲁盖尔《盲人的寓言》。

［尼德兰］ 勃鲁盖尔 《盲人的寓言》

（3）圆形　圆形（包括弧形）象征着圆满、祥和、活力、柔和、有和谐之美，如作品凡·代克《里纳尔多和阿美达》和东山魁夷的《冬华日》。

［尼德兰］ 凡·代克
《里纳尔多和阿美达》

［日］ 东山魁夷 《冬华日》

（4）L形　这种构图由"L"划分出的空间很像个窗口，增强了画面的空间感，如作品董希文《开国大典》。

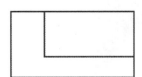

［中］ 董希文 《开国大典》

（5）"V"形　"V"形是一个没封口的倒三角形，好像展翅飞翔的鸟，动感十足但不稳定，"V"形的缺口有延深空间的感觉，如作品布歇《浴后的狄安娜》。与"V"形相近似的还有"U"形"C"形。

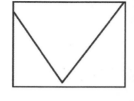

［法］布歇 《浴后的狄安娜》

（6）"X"形　"X"形是四个三角形的组合，两条线相交处形成视觉交点，如作品卡拉瓦乔的《圣母子》。当"X"形处于对称时给人以稳定感，不对称则给人以动感，如作品布歇《浴后的狄安娜》。

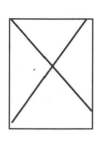

［意］卡拉瓦乔 《圣母子》

 知识窗

　　构图因素在一幅美术作品中不是单一地呈现，是由多种因素构成并符合多样统一的法则，主次分明，主体在各种因素的对比中更加鲜明突出。

［法］塞尚 《静物》　　　　　　塞尚 《静物》 构图形式

3.调子（明暗关系）

（1）亮调　亮调画面中白（亮）的色块占主导地位时，称为"亮调子"。亮调使人感到明快、舒畅、兴奋、爽朗，如作品凡高《向日葵》。

［荷］ 凡高 《向日葵》

（2）灰调　灰调画面中以灰色调为主体时，称为"灰调子"，这类作品产生一种柔和、宁静、飘逸和诗意般的情调，如作品列维坦《风景》。

[俄] 列维坦 《风景》　　　　　　　　[法] 大卫 《马拉之死》

（3）暗调　暗调画面以深色为主体，称为"暗调子"，常给人以深沉、庄重、严肃之感，如作品大卫《马拉之死》。

（4）色彩　色彩在构图中的应用，主要是根据表现主题的需要，设计出画面总的色彩倾向，也称色调。其手法是运用色彩的对比、调和规律，同时强调色彩的审美情感和联想作用。

二、构图中的形式美法则

绘画构图的形式美法则，是古今中外历代画家在长期艺术创作实践中积累的丰富经验和理论，也是我们学习的指南。现将带有普遍意义的法则，简要介绍如下：

1.稳定

画面所描绘的物象因其面积、色调、质量而给人以轻重感，若分布不均，视觉上就会失衡，让人产生不稳定、不适应和不安全的感觉。

主次不分　　　　　　　　　　　　　　　分布不均

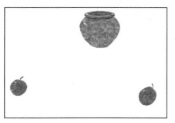 

太散　　　　　　　　　　　　　　　　　堵塞

偏小

适中

2.对称

依据假定的画面中心点或中轴线，在其左右或四周，配置相同的形、明暗和色彩，这种布局形式叫"对称"。对称的构图容易取得画面的稳定与和谐，产生静态的平衡感和秩序美感。在构图中，绝对的对称是不存在的（图案画例外），太对称给人以呆板之感，必须在大的对称中有局部的变化，因此，对称仅是相对的。对称分为上下对称和左右对称，如作品东山魁夷《春》和拉斐尔的《雅典学院派》。

［日］东山魁夷 《春》

［意］拉斐尔 《雅典学院派》

3.均衡

画面的布局，上下左右各组成部分的形象不同（包括点、线、面、色各因素），但在视觉上使人感觉到量的平衡，称为"均衡"。均衡构图的画面给人以动态的平衡感，如作品米勒《拾麦者》。均衡是绘画构图普遍运用的法则。

〔法〕米勒 《拾麦者》

4.对比

对比是构图的一个重要法则，是指运用各种矛盾的造型因素相互衬托，使主题和形象在对比中更加鲜明突出。对比的内容很广泛，有形、线、色、明暗的对比，还有感觉的对比等。

鲁本斯的《劫夺留西帕斯的女儿》借助希腊神话题材描绘古代的"抢婚"习俗：英雄卡斯托耳与波吕刻斯是神的儿子，趁着蒙蒙的晨曦，正准备将留西帕斯的两个女儿强行劫持。我们今天无法得知鲁本斯为什么要创作这样一张画，希腊题材本身的意义对于

〔佛兰德斯〕鲁本斯 《劫夺留西帕斯的女儿》

画家来说已不再重要了，作品中也不再有那么多象征性的隐喻，他所注意的是肉体与马匹之间的色调对比，关心的是人仰马翻般的激烈场面。

画面本是稳定的方形构图，但男人、女人、马匹的交错运动却平添了情节上的混乱。两位英雄一位身穿黑色发光的铠甲，一位显示棕红健壮的肉体，而画面中心两位女

性的雪白肌肤在他们的衬托下显得格外突出，蔚蓝的天空、金色的朝霞、枣红的骏马、火红的飘带，所有这一切谱写成一曲狂热的色彩交响乐。如果你觉得这样的场面过于野蛮或暴戾的话，那么就看看画面左侧的小天使吧，爱神的出现使这次抢劫看上去更像是一场受本能驱使的游戏。这就是鲁本斯最大的艺术奥秘，他在安排缤纷的色彩和赋予画面以充沛活力方面具有无与伦比的天赋，其魔法般的技巧能够使所有被描绘的物体都看上去热情欢快、栩栩如生。

康定斯《作品Ⅷ》通过线条的曲与直、粗与细、斜与竖等相互对比，使画面产生了美的节奏和韵律感。

杜米埃《特朗斯诺宁街的屠杀》中黑、白、灰的巧妙结构和对比，使画面产生了丰富的明暗层次和色彩感。

德拉克罗瓦《伊俄斯的屠杀》匍匐在地上奄奄一息的被迫害的希腊人，与气势骄横骑马驰骋的土耳其侵略者，构成了强烈的"动与静"的对比，使画面充满紧张气氛。

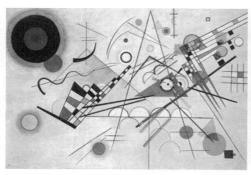

〔俄〕 康定斯基 《作品Ⅶ》

〔法〕 杜米埃 《特朗斯诺宁街的屠杀》

〔法〕 德拉克罗瓦 《伊俄斯的屠杀》

5.主宾

每一幅画的布局与造型，主次要分明。主体是一幅画表达的主体思想和主导，宾体是陪衬烘托主体，使主体形象更加鲜明突出（如一部影视作品中的主角和配角）。一幅画的布局，主次安排要统一协调，不能喧宾夺主。例如：作品德拉克罗瓦《自由引导人民》在主宾关系处理上，主体突出，高举三色旗的"自由女神"既主次分，又统一协调是其成功的范例。

〔法〕 德拉克罗瓦 《自由引导人民》

6.虚实

虚实关系在中国画构图中最为常见和突出。实是画面有具体形象或着墨之处，"虚"是形象省略或空白处。虚实的处理，要做到实而不塞、虚而不空、虚中见实，实中有虚，"虚实相生相变"如作品汪士慎《梅花图》。

〔清代〕 汪士慎 《梅花图》

7.节奏

节奏是形有秩序地反复或有规律地改变位置而产生的韵律感、节奏感。反复、渐

67

变、重叠、形与位置的转移，产生富有韵律的视觉感。节奏是条理与反复的组织原则的具体体现，韵律是在节奏中表现出来的情调，如作品杜尚《下楼梯的女人》和波提切利《春》。

〔法〕杜尚 《下楼梯的女人》　　　　　〔意〕波提切利 《春》

8.多样统一

多样统一是绘画构图的一条总的原则，也是一切艺术的基本规律。"多样"就是变化，是指画面在线、形、明暗、色彩方面的对比和丰富的变化。"统一"是指画面构图因素的内在联系。

一幅画的构图如果没有变化，就会显得单调乏味；但仅有变化，各组成部分之间缺乏层次关系则会显得杂乱无章，削弱主题的有效表达。完美的构图必须是"多样统一"的。

作品《伏尔加河的纤夫》，是"多样统一"构图的典范。画中拉纤的人物，在年龄、阅历、姿态、表情、性格等方面都各不相同，形象非常生动，富有变化；背负着火辣的阳光（色调）和沉重的纤绳向着目的地艰难迈进。

〔俄国〕列宾 《伏尔加河的纤夫》

试一试

请你用所学知识分析本节所列中的一件，阐述其作品表达内容与形式是如何协调统一的，请画出构图的形式草图。

任务三　版式设计中的构图形式

任务概述

版式设计形式繁多，因人（设计师）因事（设计对象）千变万化，无固定的模式可循。在这一学习任务中，仅介绍版式设计的基本概念和基本方法，结合版式设计的范例分析，加深对版式设计中构图形式因素的理解并能灵活应用，举一反三，推陈出新才是最终目的。

一、版式设计的概念与意义

版式设计与美术创作在视觉规律上是相通的，如对称、平衡、对比、呼应、节奏与韵律等。不同之处在于，版式设计注重平面的形式因素及平面构成关系，仅在二维空间中推敲抽象的点、线、面分割和黑、白、灰布局，使其产生最佳的视觉艺术效果。

版式设计是指在平是面设计中,将设计的"四大元素"（标题、正文、图形、空白)按照一定的形成法则和构成关系，编排出具有一定视觉艺术价值和依赖特定传播载体所呈现的版面形式。

版式设计的目的是调动各种视觉因素，进行平面形式的组合排列，强调形式和内容的互动关系，以期达到吸引受众的视觉注意力。好的版式设计具有清晰明确的信息级别并构成信息的整体传递，能轻松引导受众根据其重要性依次递减的原理进行浏览并达到宣传、促销等目的。

二、版式设计方法

1.建立信息等级层次

在具体设计前围绕主题对文本信息进行认真分析和提炼，将文本中相互关联的内容归为一类，依信息主次建立起信息等级，编写"设计大纲"。例如：将一级标题、二级标题、三级标题、正文等进行排序，这样便于设计时对各级标题及正文字号、字形、色彩进行总体把握。信息级别的寻找通常以4个级别为宜，过多会造成视觉混乱。事实上，"设计大纲"一旦编写完成，明确的分区也就自然建立起来。

2.确立设计元素的层次

构成版式的标题、正文、图形、空白四大元素中，前三者我们称为版式中的可见元素，称为正形；空白是不可见的元素，称为负形。在对文本信息进行分类的前提下，选择可见元素中适合传递主要信息的最佳元素。例如图片（形）或标题字等，在选择时必须随时考虑到元素中哪些典型的方面或部分能够集中提示信息自身——主体。只有通过对文本信息的具体分析，才能在设计中以独特和精确的形式表现主题，使信息传递达到清晰连贯而不至于本末倒置。

3.将版式的构成元素抽象化

在版式设计学习中，初学者容易关注版式中的一些细节，诸如变体字的造型、文字绕图编排、图形的特效、过多变化的色彩等，忽略了版面的整体构成。因此，应将版式元素抽象化，用点、线、面来代替具体编排的形象和文本内容。

抽象，就是大脑在完全超脱了事物的形象，不受其约束的情况下所进行的组织活动。抽象的形便于我们抛开细枝末节从整体上去把握编排元素间的构成关系，仅用黑、白、灰的构成原理来分析版式的整体布局。

三、版式的基本格调

1.实用性格调

实用性格调是指像报纸那样，以真实性、功效性、实用性为主要的格调。这种版面不强调视觉效果漂亮，适于慢慢阅读。人们在购物时常需要阅读实用性的说明，再衡量是否购买那类商品，或者像超市那样要对很多信息进行比较。排版上以网格方版形式居多，信息布满了版面。

2.随和性格调

随和性格调是指开放的、轻松的一种格调。因为随和性格调容易使人亲近，所以适当添加在其他格调中是有益的。在高级化妆品上使用，会在不经意中产生亲切感，在药品和食品广告中加上随和性格调就会更有活力，表达出令人愉快的实用感。

实用性格调

随和性格调

3.精神性格调

精神性格调是指强调和重视情绪、趣味等精神性的气氛，通常文字信息较少，适用于高级化妆品、时装，趣味性高的汽车、旅游、影视和公益广告等的表现。由于精神性格调是强调符合受众嗜好的个性化格调，因而与其他格调相比，其表现的变化就更多。

精神性格调

四、版式设计的构图形式

版式设计的构图与绘画构图有相通之处，例如：对称的构图容易取得画面的稳定与和谐；对比因素的运用，使主题和形象更加鲜明突出；倾斜的构图，赋予动感；流畅的曲线形构图，给人以柔美、开放和活力；主宾关系明了，主题突出、信息传递清晰连贯；版式中的情调"节奏"与"韵律"来自于构图因素的"有秩序地运动"，是条理与反复的组织原则的具体体现；富于情调的版式是构图给予的灵魂。

1.对称式

对称式是指版面照片和文字的位置大小大致左右或上下均等，中心突出，属于安定型，表现稳重、传统、高品位格调。

  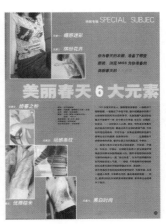

对称式　　　　　　　　破对称式　　　　　　　　对比式

2.破对称式

以对称式为基调稍作突破，左右或上下的一部分不平衡，将标题、图形置于中轴线上，给人以安定感。版式对称，中心明显，有效地表现品位。文字或图形稍许打破对称，但高格调依旧明显。

3.对比式

对比是版式的一个重要法则，是指运用各种矛盾的造型因素相互衬托，使主题和形象在对比中更加鲜明突出。

4.均等式

图的大小与位置均等配置，形成理性的、冷静的形象，表达平静和理智的特性。

均等式

5.水平式

这类构图强调水平线，表达宽松感和宁静、舒适的情调。

6.竖直式

粗壮有力的竖线强调厚重、稳定的感觉。轻柔的竖线则显得活，有一种升腾之感。

水平式   竖直式

7.倾斜式

倾斜的姿态产生了强烈的动感，形成活泼开放的形象。

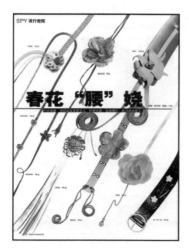

倾斜式

8.偏侧式

在水平或垂直方向强调在一侧进行配置的版式，洗练、时髦、表现自由、清澈、趣味性和理智并蓄。

9.呼应式

版面左右关照，通过人物的视线和姿态，或人与物、物与物、形与色的联系，互相呼应，表现舒畅、明快、有力和理智。

偏侧式 呼应式

10.曲线形

整幅版面统领于自由的曲线形之中，充分表达了年轻、可爱与柔美。版式和文字配置通常以白底、抠底的照片以及配色等都充满女性生活用品的优美格调和趣味性情调。

曲线形

11.三角形

在图示作品中，凉鞋品质的可贵性、舒适耐久的功能在三角形的构图中得到充分的传达。

三角形

12.圆形

圆形的版面配置，表现团聚，象征着圆满、祥和，开放的积极性情调。

圆形

13."L"形

"L"形是由竖线和横线配置的版式，由"L"划分出的空间成为信息展示的集中处。与"L"相近似的还有"C"形、"V"形和"X"形。版式设计形式是多种多样的，上述介绍的方法仅是一般规律，在实际应用中因设计师或设计对象的不同，构图形式千变万化，但形式与内容必须统一协调。一般规律性的基础知识和基本技能必须掌握，并在实际中灵活运用，求异、求新、求变。要达到这一目的，我们必须持之以恒，善于学习，还要多欣赏和借鉴国内外优秀的美术和平面设计作品，提高审美鉴赏力和版式设计水平。

"L"形

"C"形

"V"形

"X"形

知识窗

　　为了方便学习起见，在版式编排练习中以抽象的点、线、面替代具体内容。点是缩小的面，用"■"或"●"表示；线是点的移动轨迹（小图形和标题文字），点向左右或上下移动成线，通常用"—"或"｜"表示；面是线的扩展，是由线分割成的几何形态（图形或整块的文本信息），可用几何形来表示。注意：黑白灰的面积不能等大，应有所变化并保持视觉的平衡感。

用抽象的点、线、面进行版式设计练习

练一练

1.根据所学知识，分析本节所列作品的版式构图并画出构图的形式草图。

2.从下图提供的8个版式从中选择4个，在已有的平面关系上添加点、线，做抽象的黑白灰版式练习，要求层次分明、视角重心平衡并符合"多样统一"的形式美法则，要有良好的视角效果。

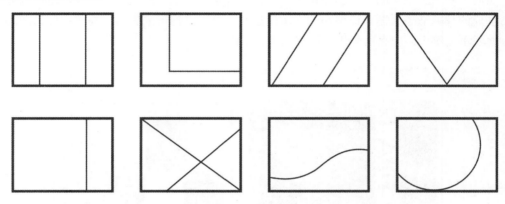

添加点、线，做抽象的黑白灰版式练习

模块五

平面构成

模块综述

平面构成是设计中最基本的训练，它属于一种视觉形象的构成。它主要研究在二维空间内如何利用造型基本元素（点、线、面）创造形象，处理形象之间的关系，如何按照形式美法则创造一种视觉上和知觉上的美的关系。平面设计渗透到生活环境的各个领域，如建筑设计，室内装饰，壁纸、建材表面的纹样，纺织品服装面料的图案，陶瓷器、漆器的纹样，广告、装潢、染织、摄影、舞台美术、商业设计等。

通过本模块的学习，你将能够：

⊕ 了解平面构成的基本要素、基本形式、形式美法则。

⊕ 了解平面构成的应用问题。

⊕ 提高自己的创造能力及锻炼自己的设计构成能力。

任务一 平面构成的基本要素

任务概述

了解和掌握平面构成的基本要素，点、线、面以及它们的属性、构成形式和表现方法。

知识窗

在平面构成中，点、线、面是最基本的形态，这种最基本形态的相互结合与作用形成了点、线、面的多种表现形式。点、线、面的表现力极强，既可以表现抽象，也可以表现具象，是平面构成的三大基本要素，即可组合使用，也可单独做构成练习。

一、点

1. 点的概念

点的形状，是多种多样、不受限制的，在特定的环境比例中能起到点的作用的形，就可以视为点。

在几何学里，两条线相交叉而形成的交点便显示了点的位置，点不具有厚度和宽度，只具有位置，可以是一条线的开始或终点、折曲的地方、线段的等分点等。

在视觉艺术中，"点"是确定的、可视的、有形的、有位置的，其大小是有空间位置的视觉单位。它不仅具有位置的概念，也具备大小形状的变化。我们说点是视觉元素中最小的视觉单位，其大小不许超过视觉单位"点"的限度，否则就失去点的性质，扩展成一个面，这是与点所在的限定空间相关联的。要具体划分其差别界限，必须从它所处的具体位置的对比关系来决定。例如：在大幅墙面上挂上一小幅画，这一幅画虽然具有面积，然而视觉上与大幅墙面相比，我们感觉只是一"点"而已。又如：晴空夜晚闪烁着的繁星，尽管星球之大，有的超过地球百倍，但在无穷尽的宇宙当中，它却呈现出"点"的性质，这些都突出了点的特征。

2. 点的分类

点可分为有规则的点和不规则的点，如方形点、圆点、三角点、任意点、光点、海绵点、喷雾点等。点可以是抽象的几何形和自由形，也可以是自然形或符号形。

规则的点

不规则的点

3.点的特征

（1）就点的大小而言，越小的点，点的感觉越强，越大的点，点的感觉弱，且越有面的感觉。从点与形的关系来看，以圆点为最佳，即使较大，在不少情况下仍会给人以点的感觉。

（2）从点的作用看，点是力的中心。当画面中只有一个点时，人们的视线就集中在这个点上，它具有紧张性。因此，点在画面空间中具有张力作用，它在人们的心理上造成一种扩张感。

点的张力作用

（3）当空间中有两个同等大的点，且各自占有其位置时，其张力作用就表现在连接此两点的视线。在心理上产生吸引和连接的效果，即产生线和形的感觉。

两点间的心理连线

（4）如果画面中的两个点大小不同，大的点吸引小的点。人们的视觉首先会集中在优势的一方，然后再向劣势方向转移，即将会从大到小移动。空间中的三点在三个方向平均散开时，其张力作用就表现为一个三角形。

点视觉中心首先在大

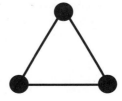

心理上的三角形

81

（5）一个点在平面上，它与平面的大小关系以及与周围环境位置的不同，也会让人产生不同的感觉。在一个正方形平面上，一个黑圆点放在平面正中，点给人的感觉是稳定、平静但略为呆板。如果这个圆点向上移动就会产生力学下落的感觉。点的位置移动到左上角或右上角，会产生动感和强烈的不安定的感觉；反之将点移到正方形的中部以下，则给人一种非常平稳安定的感觉。

4.点的作用

点在广告中的作用

点最重要的功能就是表明位置和聚焦，与其他元素相比，一个点在平面上是最容易吸引人的视线的。如右图，商标，就是起到点的作用，更加突出"彩虹牌"商标的形象。

点在装饰图形里用途广泛。单一的点，有提神和跳跃的感觉，起到画龙点睛的作用，一般在图形里没有固定的位置，多出现在画面需要点缀的地方，如放置在画面活跃、闪动、提气和平衡之处。这个点可以是抽象的几何型和自由型，也可以是自然型或符号型，它的性质与变化是经过与整体形态的比较而生成定位的。它是图形中某一个形的缩小或某一局部，或是抽取共同因素的归纳型。

点还是形成画面动态平衡的重要元素，画面平衡可以带给人以最佳视觉感受，但平衡并不意味着平稳不动，那样只会让画面死气沉沉，通过合理设置点的画面位置与点相对于其他元素的位置，我们即可以使画面产生动感与张力，达到动态平衡。例如：国画中常谈到

"画龙点睛"，这里的"睛"，形式上即为"点"。山水、花鸟画的章法中，往往要画几个小景人物，放上两个蝴蝶或蜜蜂，这几个小景人物与蝴蝶或蜜蜂就是起到点的作用。这样会使画面更生动、感到充实，并且，更能显示其空间感。当然点在画面中，要尽量做到大小相称，多少适量，轻重得当，宾主分明，有疏有密，有虚有实，层次分明。

点在绘画中的作用

点在装饰画中的作用

点在日常生活中的也应用很多，儿童脑门上点上一"点"红，使人感到孩子天真活泼，令人可爱，也具有民族的乡土气息。

想一想

点在日常生活中还有哪些应用实例？

试一试

在10分钟内画出具备点要素的形象，看谁画得多。例如：如棋子、水果、黑板刷、地面上的脚印等。

二、线

1.线的概念

线是点移动的轨迹，如通常我们看见流星运行留下来的轨迹。可以说线是由运动而产生的，具有延伸感和方向感。点的排列，以等距间隔在一条直线上，则产生线的感觉。这在广告和包装设计中是极为常见的。以不同性格和形状的点伸展延续所产生的线，比单一的细线、粗线、拙线要丰富而有变化，能充分调节图形的节奏感，但此时图形中点的特征已降低，被连接的线所取代。这类线富有较强的装饰性，使图形增添了新的韵味。

富有装饰性的线（学生习作）

说明文字的排列呈现的效果（学生习作）

2.线的分类

在造型设计中，线不仅有位置、方向、形状，还有相对的宽度。线具有很强的表形功能和表象功能。线有曲直、粗细、浓淡、流畅与顿挫之分。

线的分类

按形状分	直线（点移动的轨迹不变）	粗 直 线
		细 直 线
		锯状直线
	曲线（点移动的轨迹恒变）	几何曲线(点的移动方向有一定规律)
		自由曲线(点的移动方向没有规律)
按形式分	实线（积极的独立存在的线）	
	虚线（消极的并列并不相接触的点，所形成线的效果，及存在于平面边缘或立体棱边的线，两面形相接，两色面相接处所形成的线均属之）	
	隐藏的线也可称视觉流动线（心理的线，视觉上不存在，因物象与物象之间产生心理张力，致使观者相信有线存在）	
按方向分	水平线	
	垂直线	
	斜线	

3.线的特性（视觉心理）

线的特征有两个：一是宽度狭窄；二是长度明显。

线的形象可以是直、曲、弯、不规则或徒手画，线根据其形状、稠密、节奏、角度和画线材料的不同而产生不同的特点，其给人的视觉心理也不一样。

（1）直线的特性　在所有形态的线中，几何直线是最简洁抽象的线形，表现出运动的无限可能性和方向感。一般从直线得到的感觉是坚硬、顽强、简朴、单纯明快、简洁、力量、通畅、有速度感和紧张感，具有男性化的象征。

①细直线的特性敏锐、纤细、脆弱，有直线的紧张感。

②粗直线的特性厚重、锐利、粗笨，有力，严密中有强烈的紧张感。

③锯状直线（连续的折线）律动、坚硬、力度、尖锐，让人感到痛苦、紧张与不安的感觉。

④水平线具有静止、安定、平和、静寂。

⑤垂直线具有严肃、庄重、强直等性格。

⑥斜线则有飞跃、向上或冲刺前进的感觉。

以上这些心理效果的产生，往往与人们视觉经验中所形成的习惯分不开。对于垂直线，视觉反映到人们头脑里，会联想到端庄、肃立的形象，有挺拔向上和勃勃生机的感觉；而水平线则会让人联想到风平浪静的湖面或地平线；对于斜线，极容易与短跑运动员的起跑、飞机脱离地面腾空而起、溜冰的姿态联系起来，它将力的重心前移，有一种前冲的力量。所以，这种感情性格的产生，不是凭空想象出来的，而是唯物的心理反映。

锯状直线

垂直线

平行线

斜线

（2）曲线的特性　曲线没有明确的方向感，是直线运动方向改变所形成的轨迹。因此它的动感和力度都比单纯的直线要强，表现力和情感也更加丰富。曲线优美、丰满、感性、轻快、优雅、流动、柔和、跳跃，富于韵律感，具有女性化的象征。

曲线可分为几何曲线（点的移动方向有一定规律）、自由曲线（点的移动方向没有规律）。几何曲线具有圆满、祥和、活力、柔和、和谐之美，有严谨、理性、精密的现代感和准确的节奏感。

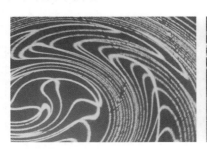

曲线

线的运动产生的视觉印象

线的紧密排列产生的视觉印象

（3）线的运动产生的视觉印象　线在构成中，由于运动的方向不同也会给人不同的印象。左右方向流动的水平线，表现出流畅的形势和自然持续的空间；上下垂直流动给人产生力学自由落体感，它和积极的上升形成对照，可产生强烈的向下降落的印象。由左向右上升的斜线，使人产生一种明快飞跃的运动感；由左向右下落的斜线，使人产生瞬间的快感、动感和刺激感。

（4）线的紧密排列产生的视觉印象 线如按照一定的规律等距离排列会使形成的空间产生出灰面、凹凸的感觉。由于焦点透视近大远小的原理，线的疏密排列，前疏后密产生深度，前边愈疏愈近，后边愈密愈远，这样就形成了远近空间。

4.线的作用

线条是美术最基本的造型手段，是构成视觉艺术形象的一种基本因素。无论是平面设计还是绘画作品，不论是写实还是装饰，不论是抽象的还是具体的……在长期的美术发展过程中，"线"作为创造形象和表达自己思想感情的艺术语言，一直处于十分重要的地位，并越来越显示出丰富的表现力及艺术美感。

在版式设计中，用直线对图文进行不同比例的空间分割，使栏目更清晰，更具条理，且有弹性，增强了文章的可视性，也使空间产生相应的主次关系、呼应关系和形式

文字放置于画面顶部

文字放置于画面下端

线对图文的分割

关系，产生各空间的对比与节奏感，以此获得整体和谐的视觉空间。

广告设计中的文字在形态原理上是线的分类。根据广告内容和画面构成的需要，文字在广告画面上有不同的位置安排，而且不同的位置，将产生不同的视觉效果和不同的象征意义。文字放置于广告画面的顶部，产生上升、轻快的视觉效果，同时也具有愉悦、适意的象征意义。例如：表现快乐、高兴、舒适的广告内容，文字最好排列在画面的最顶部；文字放置于画面的最下端，具有下降、不稳定与沉重的视觉效果；而表现哀伤、消沉的广告内容，文字最好排列在画面的下端。

想一想

在下面的广告中，"线"形态的文字产生了什么样的视觉效果和不同的象征意义？

电影《007之皇家赌场》海报设计　　　　电影《龙骑士》海报设计

试一试

1. 用直线和曲线分别来画出自己手，并谈一谈你对两种手的感受。
2. 搜集合适的图片与文字，进行适当的排列，表现出春节的欢乐气氛。

三、面

1.面的概念

线移动的轨迹或浓密有致的点（点的密集），都可以形成面，面有长度、宽度，有位置及方向性，但没有厚度。在平面构成中，不是点或线的都是面。点的密集或者扩大，线的聚集和闭合都会生出面，它体现了充实、厚重、整体、稳定的视觉效果。

2.面的分类及性格特征

面可以分为4类：直线形、几何曲线形、自由曲线形和偶然形。这些不同形的面，在视觉上所产生的心理效果各不相同。

（1）直线形指有固定角度的形，具有直线所表现的特征，如方形、矩形、三角形等。它的形状规则整齐，在心理上具有简洁、明确、秩序之美感，它是男性性格的象征。

（2）几何曲线形它比直线形柔软，有数理性和逻辑性的感觉。特性明了、自由、确定、高贵，且有秩序性美感。

（3）自由曲线形指任意的曲线形，不具有几何秩序之曲线形，处理得好，具有优雅、魅力、女性、柔软、丰富等抒情效果；处理不好，则会出现散漫、无秩序、杂乱等感觉。

| 直线形的面 | 自由曲线形的面 | 几何曲线形的面 |

（4）偶然形也是一种自然形态，是一种难以预料的形。例如：烟和云浮动的形、玻璃碎裂的形等，或由特殊的技法意外偶然得到的形态，都不是人的意志所主宰的，如敲打、泼洒。偶然所得的形，虽然不确实可靠，但往往有着意想不到的超人魅力，产生新奇、怪异的形象特征来吸引人的视觉。因此，它是设计家喜欢的一种设计手法。

3.面的作用

作为平面设计的视觉元素，面可以是构成的载体，也可以是参与构成的个体。由于面的特征决定了面的量感大于点和线，所以面在设计中起到统领和决定性的作用。通常情况下，面的量感影响着整个平面设计的效果。面积大的面比面积小的面更有视觉上的优势；黑白对比强烈的面其量感更强；实面比虚面量感强；表面比下层的面量感强。由于面在构成元素中具有相对"较大"的特征，因此，面在平面构成中也起着分割空间的作用，平面设计中的图形和文字

面积大的面比面积小的面量感强

既可以理解为点，也可以理解为面，具有平衡、丰富空间层次、烘托及深化主题的作用，给人以明确、突出的感觉。

面的量感是指面元素在整个设计作品中所占的面积的大小，它是平面构成的重要因

素。需要注意的是，量感强并不意味着在视觉上一定起主导作用。有些在量感上处于次要位置的点、线元素，恰恰在视觉上处于主导位置。这是因为相对于量感强的面来说，点的聚集特征和线的动感比面的量感更能吸引观赏者的注意力。当然，如果面在层次上处于点、线之上，或者在色彩构成上具备更加突出的视觉感受，较强的量感会使面的视觉感更强。因此，要根据具体的形态状况来判断量感在设计中的作用，而不是单纯地把量感和视觉的主次等同起来。

想一想

在下面的广告中，"面"形态的文字或图形产生了什么样的视觉效果和不同的象征意义？

电影《十三罗汉》海报设计

电影海报设计

试一试

用直线形的面与几何曲线形的面来概括金鱼的形象。

任务二　基本形的构成

任务概述

了解和掌握的基本形的概念，以及它们相互之间的关系。

一、基本形

在构成中，最基本的、有助于设计的内部联结而不断产生出较多形态的图形即基本形，而构成设计时往往要将几个基本形相组合在一起，构成新的形象。基本形的设置不宜复杂，否则会使设计变得涣散、不统一，从而形成花砖地，不能创造更多的抽象图形。

二、形与形的关系

在基本形与基本形相遇时，就会产生各种不同的关系，创造出更多的形象。

1.分离

形和形保持一定的距离而不接触，有一定的距离，呈现出各自的图形。

2.接触

形和形的边缘恰好相切，产生两形相连的结合形。

分离   接触

3.覆叠

一个形象覆叠在另一个形象上，覆盖在上面的形象不变，而被覆叠的形象有所变化，在视觉有一近一远、一上一下、一前一后的感觉。

4.透叠

形象与形象相互交错重叠，重叠部分具有透明性，不掩盖形象的轮廓，也不一定分出前后或者上下的空间关系。

覆叠   透叠

5.差叠

两个形象相互交叠，交叠部分成为新的形象，其余部分被减去。

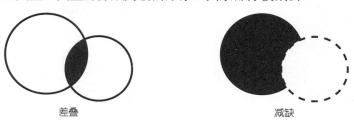

差叠   减缺

6.减缺

形象与形象相互重叠，覆盖产生了前后上下关系，保留覆盖在上面的形象，下面被覆盖所留下的剩余形象为减缺的新形象。

7.联合

形象与形象重叠在一起，不分前后上下的联合，形成新的较大的形象。

8.重合

两个相同的形象，不相互交错，其中一个覆盖在另一个上，成为合二为一、完全重合的形象。

联合　　　　　　　　　　　　重合

任务三　平面构成的基本形式

任务概述

　　通过对重复、渐变、发射、特异、对比、密集、肌理、空间打散等平面构成的基本形式进行学习，让学生了解和掌握不同构成的特点及其反映的自然运动变化的规律性。通过简单的点、线、面对其进行分解、组合、变化，表现超越时间、空间的图形，在平面上追求三元立体空间的错觉效果。培养学生的创造能力，掌握一定的设计语言和制作技能。

一、重复构成

　　重复构成形式是以一个基本形或几个基本形为主体，在画面中重复出现，进行有规律地排列组合，可做方向、位置变化。设计中，为了加深人们的印象，往往采用重复构成形式，加强人们的视觉传达效果。例如："三菱"企业的标志，运用菱形色块的重复排列有力地突出企业稳健、可靠的内涵。

重复构成形式

"三菱"企业的标志

二、渐变构成

渐变构成形式是指把基本形或骨格按大小、方向、虚实、色彩等关系进行渐次变化排列的构成形式。

渐变构成有两种形式：一是通过变动骨格的水平线、垂直线的疏密比例，取得渐变效果；二是通过基本形的有秩序、有规律、循序地无限变动(如迁移、方向、大小、位置等变动)而取得渐变效果。此外，渐变基本形可以不受自然规律限制从甲渐变成乙，从乙再变为丙，如将河里的游鱼渐变成空中的飞鸟、将三角渐变成圆等。

渐变构成形式是日常生活中常有的视觉感受，如近大远小、近疏远密等。

渐变构成

三、发射构成

骨骼和基本形呈发射状的构成形式，称为发射构成。发射构成形式是以一点或多点为中心，呈向周围发射、扩散等视觉效果，具较强的动感及节奏感，如我们日常所见的阳光四射、炸弹的爆炸、水花四溅等。在设计中，发射构成形式具有强烈的视觉冲击力，容易引人注意，使形象突出。

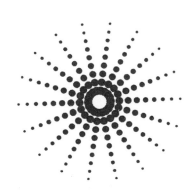

发射构成形式

发射构成在招贴中的运用

四、特异构成

在重复、渐变等规律构成中，将其中某一基本形发生变化，这种构成形式即特异构成。

夜空星群间的明月、荒漠中的植物等都是特异构成。一列人群，均穿着白色的工作服，仅有一人穿了一件桔红色的衣服，该人便会夺目而出，起到"万绿丛中一点红"、"鹤立鸡群"的效果，这也是特异。

相同虾的排列、形象的重复、方向的一致或色彩的统一等，均具有构成的同一性。这些方面都发挥着调和作用。在其中红色的虾与黑色的虾方向、色彩不相一致的因素，起到对比的作用，使作品更加活泼多变，增强了对感官的刺激，有诱惑、奇异、质疑的作用。

特异构成形式

五、对比构成

我们所看到的一切物象，都是由对比的关系产生的。对比是人们对一切事物识别的主要方法，如大与小、曲与直、白天与黑夜、水平与垂直、邪恶与善良、冷酷与热情等，它们都是相互对比而又是真实存在的。再如，我们说某人的身材很高，这也是由于对比所产生的结论。对比关系的合理建立，关键就在于确定合理的参照物，在与参照物的相互关系中形成对比。普通男人的身高一般都在1.70米左右，如果低于1.65米，就显得个子矮小；若超出1.80米，就成为高个子了。

在设计中，我们利用基本形的形状、大小、抽象、具象、方向、位置、色彩、疏密、肌理等的对比，以及重心、空间、有无、虚实等形态的对比来构成视觉上的差异，从而使画面产生醒目、生动、突出、强烈、鲜明的视觉效果，这是我们经常运用的一个重要手段。

📖 知识窗

在平面空间中对比构成的形式：
（1）形状对比：多角形与圆形、直线形与曲线形、几何形与自由形的对比。
（2）大小对比：大小、远近、轻重等的对比。
（3）色彩对比：明与暗、寒与暖的对比。
（4）位置对比：上与下、左与右的对比。
（5）方向对比：正方向与反方向对比。
（6）肌理对比：平滑与粗糙、不同形体表面纹理的对比。
（7）空间对比：形与空间的对比（虚实、有无）。
（8）重心对比：稳定与不稳定、静与动、轻与重等的对比。

六、肌理构成

凡凭视觉即可分辨的物体表面的纹理，称为肌理，以肌理为构成的设计，就是肌理构成。此种构成多利用照相制版技术，也可用喷洒、吸附、熏炙、擦刮、拼贴、渍染、印拓等多种手段来表现。在设计中还可以运用不同材料所产生的不同肌理效果来丰富完善画面，增加画面的质地对比，加强视觉的注意力，避免画面空泛和单调。对肌理的探索和发现是我们设计作品的灵感来源。

喷洒

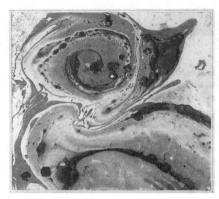

吸附

 知识窗

（1）喷洒法：将染料滴在光滑的纸上，以管子吹出纹理。
（2）吸附法：以墨汁、墨水、染料滴入水中渗开，以宣纸、毛边纸吸附。

利用拓印法可以表现古朴浑厚、斑驳粗犷的年代感；利用喷涂法可以表现朦胧含蓄、变幻莫测的感觉，常用来创造空旷悠远的画境；利用湿画法可以表现酣畅淋漓、变化丰富的意境；利用揉纸法可以表现自然的纹理和面的关系；利用刮纸法可以表现篆刻的金石味；利用点彩法可以创造空间混合的视觉效果，使我们所看的图形时近时远、时而有形、时而模糊，是一种可调的归纳空间。利用不同的质地去表现不同的肌理和质感，都是为了画面能产生丰富的视觉效果。

平面构成虽然可以从多个方面来表达设计思想，但毕竟这些构成手法主要作用于人的视觉，而通过表现肌理和质感的办法，可以将人的触觉感受引入平面设计之中。自然界中任何事物都有可触及的表面，这种表面的材质特征对人的触觉产生作用，人可以感知材料的冷与暖、粗糙与光滑、坚硬与柔软。

用油画颜料做肌理效果，使之形成粗糙
与细腻、厚与薄的对比，使画面产生生动、突
出、强烈、鲜明的视觉效果

试一试

1. 在玻璃上涂上水粉颜料，以面光的纸覆压后揭起，以获得特殊肌理效果。

纸张规格：20 cm×20 cm

2. 先用丝棉拉开放在纸上进行遮挡，再在以牙刷蘸颜料用指甲擦刮，将颜料喷涂在纸上，可得出大理石的效果。

纸张规格：20 cm×20 cm

七、密集构成

密集构成是指数量众多的基本形向某一个点集中或聚拢，形成一个中心。右图就是密集构成表现形式。此外，为了加强密集构成的视觉效果，也可以使基本形之间产生复叠、重叠和透叠等变化，以加强构成中基本形的空间感。

在密集构成的训练中应该注意：基本形的面积要小，且有一定的数量，以便有密集的效果，常有从集中到消失的渐移现象。基本形的形状可以是相近似的，在排列的方向上应该有适当的变化，重要的是表现出张力和动感。

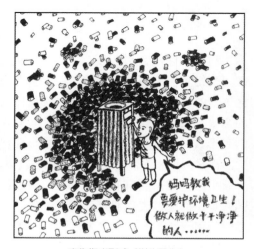

密集构成形式（学生习作）

试一试

在自然与生活中的常见形态中，运用密集构成的表现形式做密集构成作业一组(4张)。

规格：20 cm×20 cm

八、空间构成

运用透视学原理，以消失点和视平线求得幻觉性平面空间效果的构成称为空间构成。但有些空间构成有意违背这种表现原理，造成了矛盾的空间。由于这种矛盾空间存在着不合理性，不易找出其矛盾所在，因而增强了视觉的兴趣感，也增加了设计的变化。空间构成能够将需要的形态推到前面，产生距离上的逼近感而将次要形态拉远，成为视觉的延伸或前面形态的背景，从而起到突出主体的作用。空间构成形式能够容纳更多的视觉元素，并可以根据不同的需要对各个形态进行强化或弱化，这使得构成的空间表现力大大加强。

空间构成形式

任务四 平面构成的形式美法则

任务概述

通过对变化与统一、对称与均衡、对比与调和、节奏与韵律等平面构成形式美法则的学习，让学生了解好的设计好在什么地方，引导学生用这些美的法则来指导自己进行欣赏、设计。

任何艺术作品，离开了形式美，就会失去其艺术魅力，尤其是在抽象范围内的作品中，形式美更有它特殊的地位。美的根源表现为潜在的心理与外在形式的协调与统一。平面构成中的形式美法则与立体构成、色彩构成中的形式美法则所表现的主体是一致的，即秩序的规律美与打破常规的特异美。秩序美表现在统一中，特异美表现在对比中。形式美法则主要触及人们的感受器官和一部分心理反应，它是以内容为物质基础的，例如：帆船的桅杆、工厂的烟囱、高楼大厦的结构轮廓都是高耸的垂直线，因而垂直线在艺术形式上给人上升、高耸等感受；而水平线则使人联想到地平线、平原、大海等，因而产生开阔、平静、徐缓等形式感。

形式美法则有以下几种：变化与统一、对称与均衡、对比与调和、节奏与韵律。

一、变化与统一

在构成中强调各自特点，丰富多样，即为变化；在变化中有主次之分，使局部服从整体，使人感到单纯、整齐、轻松，即为统一。形体是千变万化的，大小、高低、明暗、粗细、刚柔、曲直……在这种情况下，就要求有统一的因素，如形象的统一、色彩的统一、大小的统一、方向的统一等。如果有变化，没有统一，就会显得松散、软弱、混乱，只有统一而无变化则会显得呆板而无生气，使人感到单调、贫乏、枯涩、生硬。变化是创新、求变，使人感到新奇、刺激和兴趣。但这种刺激必须有一定的限度，否则会显得混乱而无章法。因此要做到统一中有变化，变化中求统一。变化与统一在构成中互相依存、互相促进，使构成的画面既生动而又优美，它是形式美最基本的法则。

这一套茶具的外形差异较大，但设计师巧妙地将这套茶具都设计成红、黑色相搭配，使之色彩统一，避免了其因外形的变化，而显得混乱，不协调。

二、对称与均衡

对称与均衡之所以被称为最基本的美学原理，是因为它符合我们最为朴素也最为古典的审美规范，最能使观者的心理得到慰藉，感到舒适与安全。

对称，就是在中心点或者中心线的上下或左右，出现相等、相同或相似的画面内容。对称是表现平衡的完美形态，是最为常见和习惯的一种构成形式。例如：人的身体构造，从五官的位置分布，到躯干、四肢等，都是对称的。对称的形式，在机能上可以取得力的平衡，在视觉上会使人感到完美无缺。假如一个人缺少四肢的某一部分，或者五官上缺少一个耳朵或眼睛，都会觉得不舒服。对称给人的感觉是秩序、庄严、肃穆，

对称

呈现一种安静平和的美。因此，我国的国徽，一些奖章、标徽、标志的设计，多采取对称的形式。其他动物的生长结构，如蝴蝶、牛、马、鸡、兔等，绝大多数也都是对称的。另外，我国与欧洲传统的建筑形式，也大多是对称的。特别是过去的宫殿、庙宇的建筑设计，以及这些建筑中的藻井图案，也基本采取对称的表现形式。

什么是均衡呢？是在构成设计上根据图像的形量、大小、轻重、色彩及材质分布而确定视觉的平衡。例如：人体运动、鸟的飞翔、风吹草动、流水激浪等，均衡是动态的，因而均衡的构成也具有动态的特征。我们在画画中，有时候会说这里太空、那里太重、整个画面不稳。其实，我们就是在寻求一种均衡。均衡是通过各种元素的摆放、组合，使画面通过我们的眼睛，在心理上感受到一种物理均衡（如空间、重心、力量等）。均衡与对称不同，对称是通过形式上的相等、相同与相似，给人以"严谨、庄重"的感受，而均衡则是通过适当的组合使画面呈现"稳"的感受。均衡的应用相对于对称来说，更显得没有规律可循，它更注重一种心理上的感受，你要把构成图案的各个元素看成是一些物理上的对象，想象一下它们各自代表的力量，然后在图案上找到一个重心（可以不在中心，甚至于允许有多个重心），看它们是不是稳当了。这样，就可以寻求到一种均衡。

运动中的均衡

三、对比与调和

不同的形态、色彩或质感、大小等要素组合起来，突出个性，使多种造型要素之间造成极大差异，即为对比。如大与小、高与低、黑与白、明与暗、粗与细、长与短、胖与瘦、曲与直、凸与凹、动与静都是对比。在平面构成中，对比在审美法则中占有非常重要的位置。事物因为有了对比才会得到比较，才有美、丑、好、坏之分。对比是突出事物的对抗性特征，取得变化、差异的手段，强调个性鲜明，形态生动、活泼。

在不同的造型要素中强调共性，使对比双方减弱差异并趋于协调，在视觉上给人以美感，即为调和。达到调和的最基本条件，是在任何作品中，必须有共同的因素存在。

这些视觉效果柔和的枕头造型与其坚硬的钢质地形成强烈的对比。

对比与调和也是辩证关系，调和即为统一(变化的统一或多样的统一)。各种元素过于对比会产生刺激，过于调和则又产生单调。调和具有安静、含蓄的特性，强调共性、单纯和统一感，具有协调作用。在设计作品中，对比有鲜明、刺激、醒目、振奋之感，失去对比的作品会显得单调，使人感觉呆板、无生气而枯燥乏味。但绝不能忽视调和，互不调和的作品会显得杂乱，给人以支离破碎的感觉。

四、节奏与韵律

造型要素有规律地重复为节奏，节奏的反复连续形成韵律。节奏是韵律形成的纯化，韵律是节奏形式的深化，它们是相互的关系。在平面构成中节奏也就是一种重复。重复的对象给人以一种合乎秩序的和谐统一的感受。而在节奏中所产生的韵律变化，则能够使人产生不同的心理感受，会增强视觉刺激作用，从而提高人们的欣赏趣味。

富有节奏美的佛像

任务五　平面构成的应用

任务概述

让学生初步掌握平面构成应用于设计的思维形式。学习、欣赏平面构成在绘画、摄影、平面设计、服装设计中的应用。

一、绘画与平面构成

平面构成中的许多理论原理，无论在古典绘画还是在现代绘画中都得到了广泛的应用。例如：中国画、立体派的毕加索、超现实主义的达利、构成主义的马拉维奇等，均运用了点、线、面的构成原理及平面构成的形式美法则。

中国画中的线在形式美感上富于韵律感和装饰美。例如：作品《永乐宫壁画》的墨线轻重徐疾，刚柔并重，多样变化而又统一，一种和谐的美展现在我们眼前。又如《星·月·夜》通过色彩紫和黄、蓝和橙的强烈对比，达到打动人的视觉效果，表达思想感受。

［元代］ 《永乐宫壁画》

［荷兰］ 梵高 《星·月·夜》

二、摄影与平面构成

摄影比绘画更能精确地反映现实。在包豪斯之后的摄影作品画中平面构成的原理与法则得到了广泛的应用。

摄影与平面构成

三、平面设计与平面构成

平面设计的领域非常广泛，包括广告设计、招贴设计、包装装潢设计、书籍装帧设计等。因此平面设计中大量地体现了平面构成的原理与法则，如重复可加深印象、特异可引起注目、渐变可加强动感等。在广告设计中，图形、文字编排要素在形态原理上，均属于点、线、面的分类。招贴设计追求画面的视觉感染力，这种感染力会引起受众的视觉及心理兴趣，以便于信息的准确传达。平面构成中的变异、渐变、矛盾空间等构成形式，正是营造这种感染力的切入点。中间位置不同内容的几何面的运用，避免了单纯采用文字的单调感。既能够最直接地反映产品的信息，又在色彩和版面上为整个画面活跃了气氛，可谓是一举多得。

平面设计与平面构成

四、服装与平面构成

服装是软的立体包装，但在设计中对点、线、面的运用都是充分考究了的。服装的裁剪、装饰纹样的选用，以及款式的取舍都大量运用了平面构成的原理与形式美法则，如抽象的几何图形面料、服装造型的重复与渐变的构思、服饰与服装的统一与对比等。

服装与平面构成

试一试

写出下列图中应用了平面构成中哪些要素、原理与法则，产生了什么样的视觉效果和不同的象征意义？

图1　　　　　　　图2　　　　　　　图3　　　　　　　图4

图5

模块六

字体设计

模块综述

文字是人类文化的重要组成部分,字体设计是增强视觉传达效果、提高作品的诉求力、赋予版面审美价值的一种重要构成技术。在计算机普及的现代设计领域,字体设计的很大一部分工作由计算机代替人完成了,但设计作品所面对的观众始终是人脑而不是电脑,因此,在一些涉及人的思维的场合,电脑是始终不可替代人脑来完成的,如创意、审美。字体设计是设计者把抽象文字还原为具象形式的艺术创造,是字、形、意的完美结合,既能表达文字意义,又在现代生活中具有广泛的用途。

通过本模块的学习,你将能够:

⊕ 了解字体的演变规律。

⊕ 熟悉各种字体的应用规律。

⊕ 理解字体设计对现代视觉传达艺术的重要意义。

⊕ 掌握字体设计及其应用的基本方法。

THE **6**th INTERNATIONAL SYMPOSIUM ON SUN TZU'S ART OF WAR
6 第六届孙子兵法国际研讨会

任务一　字体的演变

任务概述

　　了解中外字体的演变过程，结合历史背景，从政治、经济、文化等不同角度理解字体发展的规律，对中外字体的字形进行比较，辨别风格的异同，为字体的创意设计和排版编辑打下理论基础。

一、汉字字体

1.汉字的演变

　　汉字最初的形式是图形，由图形发展成目前的字体，是一个矛盾不断出现，又不断解决的过程。汉字体式的变化顺序，是与中国社会的进步和书写工具的进步顺序完全一致的，它反映了汉字发展的基本历程。

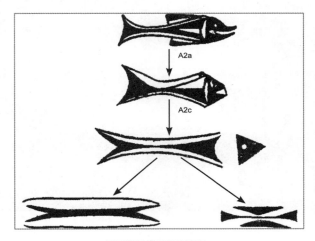

新石器时代汉字的演变

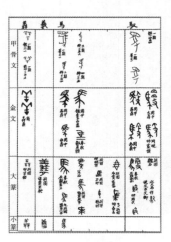

古汉字的演变

　　汉字诞生的时间距今6 100～6 500年，早期的汉字是象形字，是用石划或刀刻的，书写速度很慢。随着社会的发展，需要文字记录的事情增多，刻字就显得太慢了，因此，人们发明了用草棍蘸着颜色写字，由此提高了书写速度。但是象形字笔画有限，书写规则也不统一，也不能表示大量的抽象化词语，于是人们就对象形字加以抽象化，产生了一种笔画比较有规律的文字，这就是篆字。社会在不断地发展，用草棍蘸色写字又显得过慢了，于是人们又发明了毛笔，毛笔蘸一下颜色可以写好几个字，因而提高了书写速度。一段时期以后，毛笔写字的速度又显得慢了，在当时的社会技术条件下，要想再提高书写速度，唯一的办法就是在字形上打主意了。于是，篆字就逐步被改进成一种笔画直、画数少、带有毛笔特点的字，这就是隶体字。同隶体字同时出现的还有草体字。隶字作为官方通用文体，盛行于汉晋时期。隶字有些古板，仍不便于手写，影响速度，草体又不适合一般人使用，于是一种不拘体法、随手而就的书体又出现了，这就是所谓的"急就章"。这种"急就章"介于隶、草之间，起初并不规范，后来经过规范后就形成了行书字。行书字在笔画上再进一步规范化，就成了楷体字。宋体字实际上是楷体字的一个变形：在刻版印刷术发明以后，人们发现楷体字很不适合刀刻，于是刻工们就逐步把楷体改造成一种横平竖直、粗细一致的字体，这就是宋体。所以，宋体适于刀刻，不适于用毛笔书写。

汉 字 的 演 变

甲骨文	商周 金文	石鼓文	小篆	隶书	楷书	行书	草体
				魚	魚	魚	
			龍	龍	龍	龍	
				馬	馬	馬	
				虎	虎	虎	
				象	象	象	
				鹿	鹿	鹿	
				舟	舟	舟	

汉字发展的基本历程

宋朝以后，元、明、清三朝崇古尊儒，实行科举制度，重农抑商，蔑视技术，在中国文字中，各个历史时期所形成的各种字体，有着各自鲜明的艺术特征。例如：篆书古朴典雅；隶书静中有动，富有装饰性；草书风驰电掣、结构紧凑；楷书工整秀丽；行书易识好写，实用性强，且风格多样，个性各异。社会生产力发展缓慢以至停滞不前，书写工具没有新的改进，所以汉字在结构形体方面就停止发展变化了。

今天，汉字的简化推动了文化和经济的发展，使汉字在传播和推广中展示出新的魅力。

2.历代各种汉字字体的特点

（1）甲骨文 甲骨文既是象形字又是表音字，它是刻在龟甲兽骨（主要是牛肩胛骨）上的文字。在殷商时期，用来记录占卜以及事后应验的情况，作为档案保存。它是我们今天所能看到的最早的成体系的相当成熟的汉字材料，距今约有3 000年的历史。

甲骨文明显的特点是其瘦弱纤细的风格。由于这种文字受到书写工具的限制，所以笔道都是直的，有时与圆转相同，故而字形瘦长，线条细而硬、瘦且直，呈平直、瘦劲的风格。形体结构还没有完全定形。一个字刻怎样去写，还没有完全固定下来，保留着浓重的描画物象的色彩。

甲骨文实物   甲骨文拓片

  （2）金文　金文是铸刻在青铜器上的文字，殷代末期就有了，周代是用青铜器的极盛时期。金文使文字摆脱了图画性。这是汉字发展的第一个里程碑。

  金文的显著特点是其浑圆质朴的风格。金文是甲骨文的直接继承，属殷商文字体系。线条一般较为简易，异体字相对较少。西周后期，汉字发展演变为大篆，线条变得均匀柔和，字形结构趋于整齐规范，奠定了方块字的基础，但字体结构仍不定，仍保留浓厚的描写物象的色彩。金文比甲骨文有所进步之处在于其线条一般较为简易。

刻在青铜器上的金文   金文拓片

  （3）大篆　大篆指通行于春秋战国时期的秦国文字。周平王东迁洛阳，秦占据了西周的故地，同时也继承了西周的文字，大篆是继承金文发展而来的。

  大篆具有遒劲凝重的风格，字体结构整齐，笔画匀圆，并有横竖行笔，形体趋于方正。大篆在相当大的程度上保留了西周后期文字的风格，只是笔画更加工整匀称而已。其笔势圆整，线条比金文均匀，线条化已经完成，无明显的粗细不均的现象。形体结构比金文工整，开始摆脱象形的拘束，打下了方块汉字的基础。同一器物上几乎没有异体字。不足之处是字体繁复，偏旁常有重叠，书写不便。

大篆

（4）小篆　秦朝推行"书同文字"的改革，统一了文字。丞相李斯对大篆去繁就简，改为小篆。小篆除了把大篆的形体简化之外，把线条化和规范化达到了完善的程度，几乎完全脱离了图画文字，成为整齐、和谐、十分美观的，基本上是长方形的方块字体。小篆是汉字第一次规范化的字体，是我国历史上第一次重大的文字改革。

小篆在大篆圆转的基础上进行加工，起笔和收笔大都是浑圆。转角处都带弧形，曲折引长而划一，使线条更匀称圆转，字形长圆，体势雄健，已经线条化。曲折宛转，线条匀净圆畅，柔中带刚。历来被视为篆书的正宗。

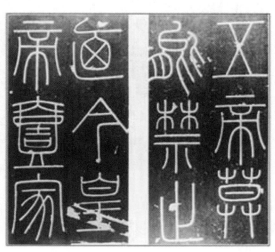

小篆

（5）隶书　汉代，隶书发展到了成熟的阶段，汉字的易读性和书写速度都大大提高。其基本特征为：横画"蚕头燕尾"，撇捺顺势飘扬作波磔，向左右飞扬。

隶书

（6）草书 草书一般是指比正式字体写得草一些的字体。广义地说，自有汉字以来，篆、隶、楷书通行时，都有相应的草体。但"草书"成为一种字体的专称是在东汉以后，并分为章草、今草、狂草3种。章草是隶书的草写体；今草是章草的继续，写起来灵活流畅，简易快速，但往往难以辩认；狂草是在今草的基础上任意增减笔画，恣意连写，可谓任意挥洒，但狂放不羁，较难辨认，很少有实用意义。总的说来，草书把楷书十几笔的字，用两三笔画出来，这种高度简化，可以达到快写的目的，有一定的进步意义。

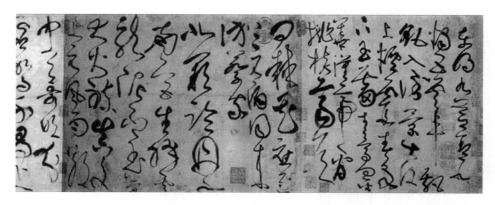

草书

（7）行书 行书是介于今草和楷书之间的一种字体，盛于魏晋，流行于晋代，直到现在仍是手写使用最广泛的一种字体。

行体兼采楷、草的优点，是草书的楷化或楷书的草化，近楷而不拘谨，近草而不狂纵。接近楷书的称为"行楷"，接近草书的称为"行草"。行书简化了楷书的笔画，采用草书连绵的笔法。笔画连绵而又各字独立，清晰易认。书写效率较高，是楷书的辅助字体。

行书

（8）楷书　楷书，也称为"真书"或"正书"。楷是规矩，整齐，楷模的意思，是说这种字体可作为法式、模范，即标准字体。楷书是由隶书演变而来的，兴于汉末，盛于魏晋南北朝，直到现在仍是汉字的标准字体，已有近2 000年的历史了。　楷书在摆脱古代汉字图形意味这一点上，比隶书又进一步。它完全是由完备的笔画组成的方块符号，方块汉字从此定形。

楷书

（9）宋体　宋代，随着印刷术的发展，雕版印刷被广泛使用，汉字进一步完善和发展，产生了一种新型书体——宋体印刷字体。印刷术发明后，刻字用的雕刻刀对汉字的形体发生了深刻的影响，产生了一种横细竖粗、醒目易读的印刷字体，后世称为宋体。当时所刻的字体有肥瘦两种，肥的仿颜体、柳体，瘦的仿欧体、虞体。到了明代隆庆、万历年间，又从宋体演变为笔画横细竖粗、字形方正的明体。它与篆、隶、真、草有所不同，别创一格，读起来清新悦目，因此被日益广泛地使用，成为16世纪以来非常流行的主要印刷字体，直到今天仍称宋体，也称为铅字体。

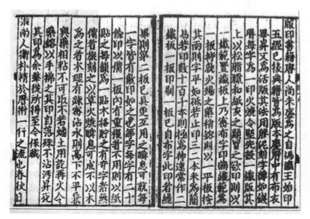

宋体

在汉字的演变过程中，两种字体的过渡，不是新旧的衔接、继承、起伏突变，而是新旧交搭、并行、逐渐替变。在前一种通行的形体中，就已经孕育萌芽了一种更适合实际需要的新的形体结构，最终将取代前一种字体而居于统治地位。

 金点子

楷书印刷体是印刷上常用的各种变体；宋体横细竖粗，是通用印刷体；仿宋体粗细不分、秀丽，常用于序言；楷体接近手写体，比仿宋丰满，常用于通俗读物和小学课本；黑体庄重，多用于标题。

汉字的演变是从象形的图画到线条的符号，到适应毛笔书写的笔画，再到便于雕刻的印刷字体，它的演变史为我们进行中文字体设计提供了丰富的灵感。在字体设计中，如能充分发挥汉字各种字体的特点及风采，巧妙运用，独到构思，定能设计出精美的作品来。

 练一练

用行、楷、隶、篆等不同的字体各书写汉字20个。

二、西文印刷字体

1.西文字体的历史

西文字体的种类极为丰富，仅美国就有1 800多种，全世界有5 000～6 000种，西文字体主要是拉丁字母的体式。

拉丁字母起源于图画，是由古埃及象形文字演变发展而来，希腊人创造了希腊字母，成为现代拉丁文字母的雏形。罗马帝国时期，拉丁字母得到很大发展并成熟起来，拉丁字母的发展不仅是一种文化的发展，而且字体也向美观实用的方向发展。

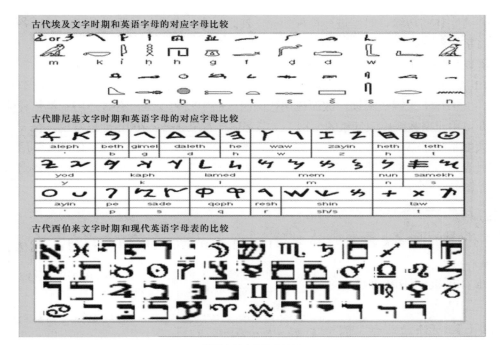

英语史前文字演变比较

　　罗马字母时代最重要的是公元1—2世纪，与古罗马建筑同时产生的，在凯旋门、胜利柱和出土石碑上的严正典雅、匀称美观和完全成熟了的罗马大写体，它的特征是字脚的形状与纪念柱的柱头相似，与柱身十分和谐，字母的宽窄比例适当美观，构成了罗马大写体的完美整体。

　　公元4—7世纪的安塞尔字体和小安塞尔字体是小写字母形成前的过渡字体。公元8世纪，法国卡罗琳王朝时期，为了适应流畅快速的书写需要，产生了卡罗琳小写字体，它比过去的文字写得快，又便于阅读，在当时的欧洲广泛使用。作为当时最美观实用的字体，卡罗琳小写字体对欧洲的文字发展起了决定性的影响，形成了自己的黄金时代。

　　15世纪是欧洲文化发展极为重要的时期，开创了拉丁字母的新风格。同时这一时期正是欧洲文艺复兴时期，技术与文化的发展、繁荣迅速推动了拉丁字母体系的发展与完善，流传下来的罗马大写字体和卡罗琳小写字体通过意大利等国家的修改设计，完美地融合在一起。卡罗琳小写字体经过不断的改进，形成了宽和圆的形体，其活泼的线条与罗马大写字体娴静形体之间的矛盾终于得到了完美的统一。这一时期是字体风格创造最为繁盛的时期。

　　18世纪法国大革命和启蒙运动以后，新兴资产阶级提倡希腊古典艺术和文艺复兴艺术，产生了古典主义的艺术风格。工整笔直的线条代替了圆弧形的字脚，法国的这种审美观点影响了整个欧洲，产生了拉丁字母中最著名的现代罗马体。

　　20世纪80年代以来，计算机技术不断完善，在设计领域逐步成为主要的表现与制作工具。在这一背景下，字体设计出现了许多新的表现形式。利用计算机的各种图形处理功能，将字体的边缘、肌理进行种种处理，使之产生一些全新的视觉效果。运用各种方法，将字体进行组合，字体图形化是一条新的途径。

2.西文字体的特征

（1）文书体 文书体是粗而垂直、附有角线的字体，通常是以额外的笔画与细线来修饰。文书体不太容易阅读，故而在现代的出版品中较为少见，有时适用于年长者的读物，亦可用于宗教或虔敬气氛的读物。文书字体样本早在公元700年便已发现。今天，文书体大多常见于书法作品，系由一些字体艺术家用笔与宽毛笔写出的字体，一般用于教会节目表、正式通知、婚礼请柬、毕业证书和迎宾贺词等，贺卡也时常使用，特别是在一些如圣诞、复活节等宗教节日。

文书体　　　　　　　　　罗马体　　　　　　　　　现代罗马体

（2）罗马体 罗马体（Roman）有很多衬线与粗、细的笔画，罗马体很容易从衬线上与其他字体分开。衬线可以是有角度的、圆的、长方形的，或是前三者的结合。罗马体可分成三类：老式体、现代体和转形体。老式罗马体的结束衬线是圆形的，粗细笔画间的对比相当温和，字面分量也很平均。现代体在粗细笔画间有极大的对比，有明暗的效果，一般衬线是直而薄的，也有长方形的，除了有些角线是圆的外，新式的上升线与下降线通常较长，字母的主笔画较大，易于阅读。转形体是老式与新式的结合，粗细笔画的对比不像现代罗马体那么大，衬线相当的长，有平滑和圆弧的曲线。

大部分罗马体具有很高的可读性，并能长时间通用。其衬线能引导眼睛从一个字母到另一个字母。有些人认为阅读罗马体时可减少眼睛的疲劳。大写字母的外形组合十分合宜，因此，在标题字上也可全部使用大写罗马体来排印。

（3）细线体 细线体（Sans-Serif）是没有衬线的字体，且字母的笔画均是相同的比例或宽度，在同一种式样中，笔画仅有一些少许的变化，但是纯细线体则无。细线体字母的所有式样均是最简单、最原始的，使用很直接与陡削的笔画。这种字母具有简单的设计，大写字体很容易阅读，可允许全部以大写排版，标题字强而有力。

细线体在广告品上用得很多，特别是个人名片、商业文件上常以细线体排印，清晰的字面设计给人一种现代感，很适合于现代化的印刷品。

（4）方线体 方线体（Square-Serif）是界于罗马体与细线体之间的字体，与罗马体相仿，方线体有很多衬线，但多是长方形而非弯曲与点状，其一致的笔画与细线体相似。方线体具有几何外形，适用于广告、报纸标题、信笺和一些邀请函件，它趋于吸引读者的注意，也似乎在向读者招手。

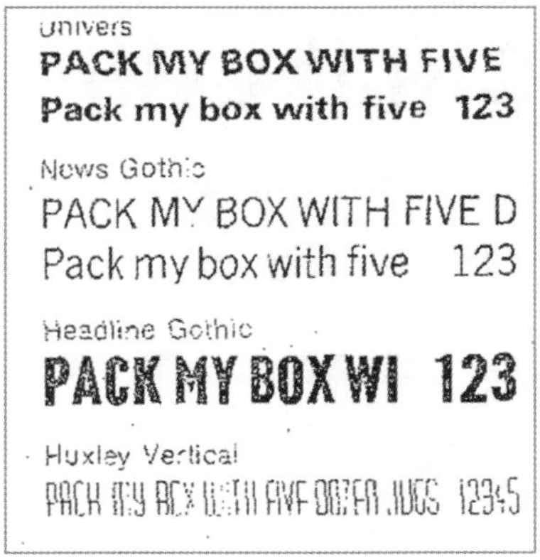

细线体

方线体

（5）草体　草体(Script)类似手写字体，含有粗细的笔画，就像是用笔书写时产生的自然粗细。此种字体分为两类：字母间相连与字母间不相连。彼此相连的小写字母则需要经由字形设计者的特别处理。

有些草体看起来瘦弱却优雅，也有一些看起来强壮而粗旷，大部分的字向前倾斜22°，大写的字体不易阅读。草体在广告、通告和邀请函上用得相当普遍，贺卡也时有草体设计，能给人们一种亲手缮写的亲切感。

草体

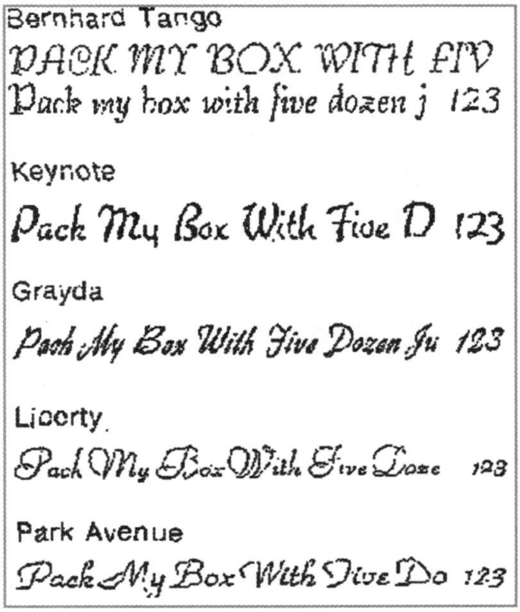

书体

（6）新体　新体（Novelty）是一种综合体，可分成保守新体和现代新体两类。新体具有相当突出的特征，在商场里相当有用，设计一块招牌或商标时能表现出公司的名称。平面艺术家可创造一种新的字体以符合其需求，很多文字商标也已陆续改用此种字体。

保守新体　　　　　　　　　　　　　　　　现代新体

知识窗

字体的应用常因时代的演进而渐渐改变，早期的文书体因不易阅读而被罗马体取代，后又出现细线体。然而罗马体优美易读，已长期使用于书报杂志的内文中，成为一种历久不衰的字体。细线体现多用于书信、报告中，它能表现细致有力的感觉，使阅读者对其有相当的好感，增加整篇文章的阅读价值。后来又因广告的需要发展出"新体"字形。虽然现在英文字体有千余款，但其种类仍离不开以上所述六大基本类别。

想一想

文字的发展对社会有什么贡献？

试一试

用不同工具书写自己熟悉的字体。

任务二 创意字体设计

任务概述

了解中外字体设计的创意过程，理解字体设计出的新形象不但要表现设计者的个性特征，还要考虑公众的接受程度和商业价值，掌握文字设计的表现和方法。

一、文字形象设计

文字设计可分为注重具象直觉表现的形象化设计和注重抽象意蕴表象的意象化设计两大类。文字形象化设计是根据字形结构和文字字义，运用文字与图形结合的形式，赋予文字以直觉的、鲜明的形象，增强字体的艺术表现力。进行文字形象化设计，必须对文字的固有形态、结构特征、字体表现进行研究分析，从中挖掘进行形象化处理的有利因素，以实现对文字形象化设计的表现。

1.字形设计

汉字的结构为方块形态，是依据对每个单字的外形观察，在设计中视具体的汉字外形特点加以强调，从而获得具有视觉张力的表现效果。

字形设计

2.笔画设计

汉字的各种字体有其特定的笔画规律，因此形成了字体与字体间的不同构成形式，设计中把握特定笔画及主、副笔画的夸张形象，可加强汉字本来的特征而又具装饰的视觉趣味。

笔画设计

3.结体设计

每个汉字都有其优美的结体形式，设计中把握其本身的结构，取舍有度，改变视觉的认知形式，吸引视线的关注。

结构设计

二、文字意象化设计

汉字具有外在形式和内在含义相统一的趋向性。和英文等其他语言不同，汉字的发生、发展、演化过程决定了汉字还具有另外一个特点，那就是图形化。具体文字结构的图式符号呈现与文字内涵相统一的表情性和指意性。我国《汉书·文艺志》中就提到"象形""象事""象意""象声""转注""假借"是造字之本。虽然发展到现在的简化字大多数已经抽象化，不复汉字最初图形化的特点，但是仍有很多汉字保持着形象化，如"田""火""日""月""人""山"等。而中国传统哲学中对"意""神"的重视，又产生了如会意、象声、指事等造字法，这就使得中国的汉字虽然是表意符号，但是这符号又蕴含着大千世界的形形色色。汉字具有的表情性和指意性正是文字意象化设计的基础。

文字的意象化设计是从字义、词义的内涵出发，从文字自身的笔形、结构、空间、排列等关系中，寻求与字义、词义相对应的表情和指义，在想象和联想中去迁想妙得，赋予意象化的表现意味和形式。

1.文字的"象形"设计

"象形"是汉字造字的基本手法，"象形"设计是在汉字艺术设计中借用文字本身的含义特征，将所要传达的事物的属性表现出来。图形化是现代汉字在平面设计中表现出的魅力和潜力。汉字的图形化并非具象图形，更不是纯点线面的抽象，而是在化实为虚的基础上，竭力使文字保持一种意象上的形与字的生气。用形表现字本身的含义，体现字形之间的联系。文字的长期积淀，使文字很容易表现出中国人能感知的感情意味和审美意味。文字的"象形"设计使文字的图形特征和中国传统审美意识所强调的写意、畅神相暗合。因此，哪怕是一点一画，这些设计都具有图形化意义。

"象形"设计

2.文字的"会意"设计

把含义、形象同时组织在一起，利用含义的相似和形式的相似进行双重构成，强调视觉的冲击力，加强心理效应，即"会意"设计。形意兼备，也就是把汉字作为主要图形处理时，发挥它两个特点的共同优势。即在设计中使汉字具备人们赋予它的抽象意义的同时，还发挥其本身的图形化特点。就这一方法来说，直接应用汉字会使画面显得平淡无奇，没有新意，流于世俗，尤其是对各种书法字体和字库中的印刷体直接挪用。但是如果过分求变求异，则会使汉字的意义传达性降低，起不到应有的作用。因此，对字体的设计，应结合设计的意图、目的，充分挖掘汉字的潜力。中国奥运会徽的设计就是对"京"的图形化做了充分的应用，使它既传达出北京这一意思，又具有运动这一内涵，一举两得。

"会意"设计

3.文字设计的表现方法

文字变体设计的表现和方法，要与字体形态和文字意蕴表现一致、协调，它应与文字变体设计的构思同步并进，使迁想妙得得以视觉化的实现。文字变体设计的表现方法多种多样，它还随着数字化、信息化的引导不断更新、变化、发展。概括起来，它目前有着以下10余种方法：重复、取代、夸张、对比、添加、省略、连接、立体、变易、复叠、透叠、光影、肌理等。

文化传播

文化传播

廉 正

传统创意设计

文字设计的表现方法

从结绳记事、甲骨文到现行的简化字，汉字以其自身的特点不断发展变化，在现代平面设计中的作用日趋重要。究其图形化特点来说，现有研究远远不够，但无论从哪个角度来讲，汉字的图形化特点无疑是研究汉字之于平面设计的根本。

金点子

学好字体设计，首先是了解文字与文化的传承关系，理解字形风格与社会经济发展的关系；其次是学会欣赏，把形式美法则贯穿于审美的全过程；其三是在老师的指导下，把设计原则和设计目标相结合，有目的地进行练习；最后，进行作品的交流和修改，提高作品的完整性。设计所关注的问题是探讨人与物之间的关系，设计对象的满足，实质上是对观念的满足。字体设计是指按视觉设计规律对文字加以整体的精心安排，创造具有鲜明视觉个性的平面设计字体形象。

试一试

设计自己的签名。

任务三　字体设计在计算机中的应用

任务概述

了解关于字体设计应用的基础知识，理解字体在计算机中的应用中从个体到整体的表现形式，掌握各种字体的特性，掌握专业的文字编排设计技巧，从实践的角度解释了如何运用计算机来实现优秀的字体设计。

汉字字体设计在不同的实用设计领域中有着不同的融合表现。例如：视觉传达艺术设计，汉字的形式在其中发挥着民族韵味的特殊意义，利用汉字的形态作为主要的形式去推广海报、书籍封面、企业标识、产品包装、宣传品等，能更快更好地推广本民族的文化发展，使所有承载着汉字字体设计的艺术载体更具有民族特性。因为这些表现形式中有汉字元素的加入，才使得艺术作品起到推广性的作用。汉字字体设计在视觉传达设计学科领域中的应用最为广泛，而且应成为设计中必不可少的构成元素。

一、字库及排版

1.字库

全世界有5 000～6 000种字体，优秀的排版能够有效运用不同的字库进行排版，粗壮有力的黑体给人以正规的感觉，适用于电器和轻工业商品；圆头黑体有曲线，适宜妇女和儿童用的商品；端庄敦厚的老宋体稳重而有历史感，适用于传统的商品标题；典雅秀丽的新宋体适用于服装和化妆品；斜体字则给整个画面带来风感和动感，可适时而用；每当人们见到黑黄相间的条纹时，都会不自觉的产生畏惧和警惕性；绿色却使人们产生心旷神怡的愉悦感。

2.排版

文字排版在平面设计中的作用，主要有以下几点：

（1）提高文字的可读性　设计中的文字应避免繁杂零乱，使人易认、易懂，切忌为了设计而设计，忘记了文字设计的根本目的是为了更有效地传达作者的意图，表达设计的主题和构想意念。

（2）文字的位置应符合整体要求　文字在画面中的安排要考虑到全局的因素，不能有视觉上的冲突；否则在画面上主次不分，很容易引起视觉顺序的混乱，有时候甚至一个像素的差距也会改变你整个作品的味道。

（3）在视觉上应给人以美感　在视觉传达的过程中，文字作为画面的形象要素之一，具有传达感情的功能，因而它必须具有视觉上的美感，能够给人以美的感受。

（4）在设计上要富于创造性　根据作品主题的要求，突出文字设计的个性色彩，创造与众不同的独具特色的字体，给人以别开生面的视觉感受，有利于作者设计意图的表现。

（5）更复杂的应用　文字不仅要在字体和画面上配合好，甚至颜色和部分笔画都要加工，这样才能达到更完整的效果，而这些细节的地方需要耐心和功力。

文字版面的设计同时也是创意的过程，创意是设计者的思维水准的体现，是评价一件设计作品好坏的重要标准。在现代设计领域，一切制作的程序由电脑代劳，使人类的劳动仅限于思维上，这是好事，可以省却了许多不必要的工序，为创作提供了更好的条件。但在某些必要的阶段上，我们应该记住：毕竟人才是设计的主体。

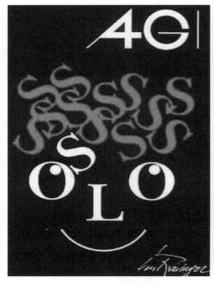 

文字版面的设计

二、字体设计在平面设计中的应用

汉字在平面设计中编排结构、组合关系设计，其要素有文字的大小、繁简、粗细、疏密、均衡，在设计中，通过改变文字的形状、数量、面积、位置、方向等条件进行处理。

1.疏密设计

汉字数量的多与少所形成的面积与版面总面积之比称为版面率，版面率低给人以高雅感、稳定感；版面率高则信息量大、通俗性强，感觉热闹。

2.面积设计

版面中单个文字的面积大小的差异称为跳跃率，低跳跃率适用于高格调古典风格的版面，高跳跃率适用于活泼或现代感强的版面。文字面积的变化还应包括字行的长短、字组大小的变化。

3.位置设计

版面中汉字与图形布局的位置变化可造成各种不同效果，将大大影响视觉流程的发生。重心偏上有轻快感，重心偏下则有沉稳感。字距、行距近有紧凑感，字距、行距远则感觉疏朗明快。标题、内容、插图形成的黑、白、灰关系及产生的虚实疏密关系是极为重要的。

4.方向设计

文字排列的方向性也极大地影响视觉效应。常用的方向及效果有平行、垂直所形成的稳重感，倾斜规则、曲线与自由曲线所形成的动态感，同时使用更能获得多种效果。

5.网格设计

网格系统是现代国际上普遍使用的一种版面构成方式。网格是平面构成中骨架这一概念在版面中的延伸，其规律是数学几何法则的多种变体处理。其方法是在版面上确定版面尺寸，以建立栏目的宽窄、多少和空白的大小，横栏和竖栏的数目与尺寸，将汉字与图形纳入，其纳入的方式可严格按照网格，也可以在统一中求变化，即在以网格为依据的基础上进行不同程度的破格设计。

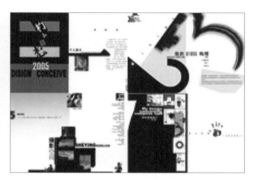

字体设计在平面设计中的应用

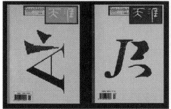

字体设计在视觉传达设计中的应用

想一想

报纸、杂志、宣传册在文字使用上有什么特点（文字数量、大小、编排形式上的特色）？

 试一试

1. 在同一版式上运用不同的字体。
2. 在不同版式中运用同一字体。

练一练

设计不同风格的自荐书。

在视觉传达的过程中，文字作为画面的形象要素之一，具有传达感情的功能，因此它必须具有视觉上的美感，能够给人以美的感受。字形设计良好，组合巧妙的文字能使人感到愉快，留下美好的印象，从而获得良好的心理反应；反之则使人看后心里不愉快，视觉上难以产生美感，甚至会让观众拒而不看，这样势必难以传达出作者想表现出的意图和构想。

世界各国的设计家无不在运用本民族文字方面下足工夫，精心创意，创造出具有强烈视觉感染力的形式语言与多变的效果。而具有强大生命力的汉字艺术设计，更有理由在中国当代设计家的手中焕发出夺目的时代光辉，他们应该更多地考虑处于当代世界文化大视野中的汉字艺术如何在东西方文化的碰撞与融会中铸造崭新生命而又永葆其文化精神，通过设计艺术的种种表达手段进一步实现其文化价值。

如果说汉字文化有如一棵根深叶茂的大树，那么汉字艺术设计便是这棵大树生长出来的花朵、果实。以汉字作为主体设计符号，通过对它的本体潜能的视觉化挖掘，并以各种手法加以处理，这无疑是一种文化含量极高的设计形式，在当今发达的信息社会中又是一种极富特殊表情的设计形式。

我们要从文化学的角度入手研究汉字艺术，进而在设计中阐明汉字的符号化与信息化；我们可以从汉字形态艺术史入手，表现它丰富的流变演化、结构类型及多姿多彩；我们又能够以汉字的艺术化处理为契机，展开设计风格的民族形式的探讨与实验，使这一研究获得真正的价值。可以认为，汉字艺术设计作为当今方兴未艾与魅力无穷的设计手法与设计现象，它在中国现代设计艺术中将充当重要的角色，也将在更多的设计家手中大放异彩。

模块七

计算机美术的应用

模块综述

计算机在艺术设计领域的运用越来越广,作为设计者,必须要有一定的美术基础,要有对美的欣赏能力和对色彩的搭配能力,才能够利用计算机软件来实现自己想要的设计。如果单纯的只会应用计算机软件是没用的,计算机软件只是实现设计的一个工具,一个设计没有好的构思,再好的工具也没有用。关键是内在的东西而不是工具,计算机美术基础的运用就尤其重要。

通过本模块的学习,你将能够:

⊕ 了解标志设计、广告设计、包装设计、书籍装帧设计和网页设计的基本方法。

⊕ 理解美术基础在现代视觉传达艺术中的重要意义。

⊕ 掌握标志设计、广告设计、包装设计、书籍装帧设计和网页设计的基本规律。

任务一 标志设计

任务概述

　　了解标志的发展过程，理解标志的创意设计与艺术规律，掌握商标设计的基本方法，了解标志设计的特点，掌握标志设计的原则，了解商标标志设计基本方法及运用。

一、标志的概念及起源

　　标志在日常生活中无处不在，具有极其重要的独特功用。国旗、国徽作为一个国家形象的标志，具有任何语言和文字都难以确切表达的特殊意义。公共场所标志、交通标志、安全标志、操作标志等，指导人们有秩序地进行正常活动。商标、店标、厂标等专用标志对于发展经济、创造经济效益、维护企业和消费者权益等具有重大实用价值和法律保障作用。各种国内外重大活动、会议、运动会以及邮政运输、金融财贸、机关、团体乃至个人（图章、签名）等几乎都有表明自己特征的标志，这些标志从各种角度发挥着沟通、交流宣传作用，推动社会经济、政治、科技、文化的进步，保障各方面的权益。

　　标志是表明某种意义特征的记号、标记。标志直观、形象、不受语言文字障碍等特性，有利于国际间的交流与应用，因此，国际化标志得以迅速推广和发展，成为视觉传送最有效的手段之一，成为人类共通的一种直观联系工具。标志的形式是利用图形、文字构成具体可见的视觉符号，并将这一视觉符号中的内容、信息、观念传达出去，影响观者的态度、看法和情感等，从而达到树立品牌、形象的目的。作为人类直观联系的特殊方式，标志不但在社会活动与生产活动中无处不在，而且对于国家、社会、集团乃至个人有着很重要的意义。

　　凡以图形、文字在商品上出现，具有说明企业、品牌、品质、信用、规模等性质与机能作用的属于商标；而将事物、对象抽象的精神内容，以具体可见的图形、文字表示出来，在非商品上出现的称为标志。

标志的特征意义

　　标志的来历，可以追溯到上古时代的"图腾"。那时每个氏族和部落都选用一种认为与自己有神秘关系的动物或自然物象作为本氏族或部落的特殊标记，即称之为"图腾"，如女娲氏族以蛇为图腾，夏禹的祖先以黄熊为图腾，还有的以太阳、月亮、乌鸦等为图腾。最初人们将图腾刻在居住的洞穴和劳动工具上，后来作为战争和祭祀的标志，出现了族旗、族徽。国家产生以后，又演变成国旗、国徽。

古代人们在生产劳动和社会生活中，为方便联系、标示意义、区别事物的种类特征和归属，不断创造和广泛使用各种类型的标记，如路标、村标、碑碣、印信纹章等。广义上说，这些都是标志。在古埃及的墓穴中曾发现带有标志图案的器皿，其标志所代表的多半是制造者的标志和姓名，后来变化成图案。在古代希腊，标志已广泛使用。在罗马和庞贝以及巴勒斯坦的古代建筑物上都曾发现刻有石匠专用的标志，如新月车轮、葡萄叶以及类似的简单图案。中国自有作坊店铺以来，就伴有招牌、幌子等标志。在唐代制造的纸张内已有暗纹标志。到宋代，商标的使用已相当普遍。

到本世纪，公共标志、国际化标志开始在世界普及。随着社会经济、政治、科技、文化的飞跃发展，今天，经过精心设计从而具有高度实用性和艺术性的标志，已被广泛应用于社会一切领域，对人类社会的发展与进步发挥着巨大作用。

知识窗

古时济南专造细针的刘家针铺，就在商品包装上印有兔的图形和"认门前白兔儿为记"字样的商标。欧洲中世纪士兵所戴的盔甲，头盖上都有辨别归属的隐形标记，贵族家族也都有家族的徽记。

红山文化玉龙

现代"图腾"柱

想一想

你能数出多少公共场所标志、交通标志、安全标志、操作标志、商标、店标、厂标，还有国内外重大活动、会议、运动会、邮政运输、金融财贸、机关、团体及至个人标志。

二、标志的创意设计与艺术规律

1.标志的创意设计

商标标志的基本功能是它的识别性。创意设计就是通过全盘性规划，寻找新颖独特的造型符号，并通过这种造型符号来传达和沟通思想。

（1）从产品特征和企业精神的经营理念中寻找开发造型元素，进行意念开发的横向发展。

（2）确定商标标志设计的造型要素，并选择适当的构成原理进行深入定点的纵向发展。

标志的创意

2.标志设计的艺术规律

（1）符号美　标志艺术是一种独具符号艺术特征的图形设计艺术。

它把来源于自然、社会以及人们观念中认同的事物形态、符号（包括文字）、色彩等，经过艺术提炼和加工，使之结构成具有完整艺术性的图形符号，从而区别于装饰图和其他艺术设计。

标志图形符号在某种程度上带有文字符号式的简约性、聚集性和抽象性，甚至有时直接利用现成的文字符号，但却完全不同于文字符号。它是以图形形式体现的（现成的文字符号须经图形化改造），更具鲜明形象性、艺术性和共识性的符号。

符号美是标志设计中最重要的艺术规律。标志艺术就是图形符号艺术。

符号美

（2）特征美　特征美也是标志艺术独特的艺术特征。

标志图形所体现的不是个别事物的个别特征（个性），而是同类事物整体的本质特征（共性），或说是类别特征。通过对这些特征的艺术强化与夸张，获得共识的艺术效果。这与其他造型艺术通过有血有肉的个性刻画获得感人艺术效果是迥然不同的。

但标志对事物共性特征的表现又不是千篇一律和概念化的，同共性特征在不同设计中可以而且必须各具不同的个性形态美，从而各具独特艺术魅力。

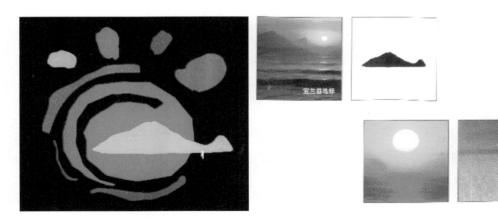

太阳在不同设计中的特征美

（3）凝炼美 构图紧凑、图形简炼，是标志艺术必须遵循的结构美原则。标志不仅单独使用，而且经常用于各种文件、宣传品、广告、映像等视觉传播物之中。具有凝炼美的标志，不仅在任何视觉传播物中（不论放得多大或缩得多小）都能显现出自身独立完整的符号美，而且还对视觉传播物产生强烈的装饰作用。

凝炼不是简单，凝炼的结构美只有经过精到的艺术提炼和概括才能获得。

凝炼美

（4）单纯美 标志艺术语言必须单纯，力戒冗杂。一切可有可无、可用可不用的图形、符号、文字、色彩坚决不用；一切非本质特征的细节坚决剔除；能用一种艺术手段表现的就不用两种；能用一点一线一色表现的决不多加一点一线一色。高度单纯而又具有高度美感，正是标志设计艺术难度之所在。

单纯美

131

练一练

试画5幅具有美感的特征性符号。

三、标志设计的特点

1.功用性

标志的本质在于它的功用性。经过艺术设计的标志虽然具有观赏价值，但标志主要不是为了供人观赏，而是为了实用。标志是人们进行生产活动、社会活动必不可少的直观工具。

标志有为人类共用的，如公共场所标志、交通标志、安全标志、操作标志等；有为国家、地区、城市、民族、家族专用的，如旗徽标志；有为社会团体、企业、仁义、活动专用的，如会徽、会标、厂标、社标等；有为某种商品产品专用的，如商标；还有为集体或个人所属物品专用的，如图章、签名、花押、落款、烙印等，都各自具有不可替代的独特功能。具有法律效力的标志兼有维护权益的特殊使命。

公共场所标志

2.识别性

标志最突出的特点是各具独特面貌，易于识别，显示事物自身特征，标示事物间不同的意义，区别与归属是标志的主要功能。各种标志直接关系到国家、集团乃至个人的根本利益，决不能相互雷同、混淆，以免造成错觉。因此，标志必须特征鲜明，令人一眼即可识别并过目不忘。

识别性

显著性

3.显著性

显著是标志又一重要特点，除隐形标志外，绝大多数标志的设置就是为了引起人们的注意。因此，色彩强烈醒目、图形简炼清晰是标志通常具有的特征。

4.多样性

标志种类繁多、用途广泛，无论从其应用形式、构成形式、表现手段来看，都有着极其丰富的多样性。

标志的应用形式不仅有平面的（几乎可利用任何物质的平面），还有立体的（如浮雕、园雕、任意形立体物或利用包装、容器等的特殊式样做标志等）。

标志的构成形式有直接利用物象的，有以文字符号构成的，有以具象、意象或抽象图形构成的，有以色彩构成的。多数标志是由几种基本形式组合构成的。

就表现手段来看，标志丰富性和多样性几乎难以概述，而且随着科技、文化、艺术的发展，总在不断创新。

多样性

5.艺术性

凡经过设计的非自然标志都具有某种程度的艺术性。既符合实用要求，又符合美学原则，给予人以美感，是对标志在艺术性方面的基本要求。一般来说，艺术性强的标志更能吸引和感染人，给人以强烈和深刻的印象。

标志的高度艺术化是时代和文明进步的需要，是人们越来越高的文化素养的体现和审美心理的需要。

艺术性

6.准确性

标志无论要说明什么、指示什么，无论是寓意还是象征，其含义必须准确。首先要易懂，符合人们的认识心理和认识能力；其次要准确，避免意料之外的多解或误解。让人在极短时间内一目了然、领会无误，这正是标志优于语言、快于语言的长处。

准确性

7.持久性

标志与广告或其他宣传品不同，一般都具有长期使用价值，不轻易改动。

 Photoshop CS2
 Illustrator CS2
 InDesign CS2
 GoLive CS2
 Photoshop CS
 Illustrator CS

 InDesign CS
 GoLive CS
 Photoshop 7
 Illustrator 10
 InDesign 2
 GoLive 6

持久性

 练一练

设计视觉效果突出的交通标志、安全标志、操作标志的设计稿5幅。

四、标志的表现方法

1.象形

象形的表现方法是采用自然形态作为设计元素，并将其进行高度概括与提炼，构成图案，用感性形象来直接(或通过联想)传达一定的信息和思想内容。

象形的表现方法

象征的表现方法

2.象征

象征是通过用某种具体形象，表达与之相类似、有着内在联系的抽象概念，或是用某种事物借以表达另一种不好直接表达或不宜直接表达的事物，这类表达方式是利用人们赋予某一事物的公认的假定涵义，迂回地表达另一事物的一种方式。

3.抽象

抽象概括分为两类，一类是抽象的美术图形，它是以自然物象为依据，将其进行分割、重构、组合，如龙、凤等，或是将其变形、夸张、解剖抽象构成，等等；另一类是纯粹形态的抽象符号，如点、线、面、文字、几何图形等，将它们进行排列、组合构成抽象的图形，引起人们心理上、逻辑上的联想，表达一定的艺术意境，体现特定的内容。这类商标标志具有强烈的现代感和构成的形式美感，个性特征明确，有很好的视觉效果，便于记忆。

如北京申奥标志是一幅中国传统手工艺品图案，即"同心结"或"中国结"，它采用的是奥林匹克五环标志的典型颜色。图案表现了一个人打太极拳的动感姿态，其简洁的动作线条蕴涵着优美、和谐及力量，寓意世界各国人民之间的团结、合作和交流。

抽象概括

4.文字构成

文字构成商标标志有单个字体的变化构成和词组的组合构成，也可与图形进行组合构成。无论是汉字或是拉丁字母，都有从具象到抽象这一漫长的演变过程，就文字本身来说已经具备了图案美，只要在文字的笔画、结构上加以美化、装饰、变形、夸张、组织等，就能创造出形式美感强烈，个性鲜明独特的商标标志图形。

文字构成

五、标志设计的原则

标志设计不仅是实用物的设计，也是一种图形艺术设计。它与其他图形艺术表现手段既有相同之处，又有自己的艺术规律。它必须体现前述的特点，才能更好地发挥其功能。

标志设计对其简练、概括、完美的要求十分苛刻，要成功到几乎找不至更好的替代方案的程度，其难度比之其他任何图形艺术设计都要大得多。

简练、概括的标志

凝炼、美观的标志

标志设计应遵循的8条原则：

（1）设计应在详尽明了设计对象的使用目的、适用范畴及有关法规等有关情况和深刻领会其功能性要求的前提下进行。

（2）设计须充分考虑其实现的可行性，针对其应用形式、材料和制作条件采取相应的设计手段，同时还要顾及应用于其他视觉传播方式（如印刷、广告、映像等）或放大、缩小时的视觉效果。

（3）设计要符合作用对象的直观接受能力、审美意识、社会心理和禁忌。

（4）构思须慎重，力求深刻、巧妙、新颖、独特，表意准确，能经受住时间的考验。

（5）构图要凝炼、美观、适形（适应其应用物的形态）。

（6）图形、符号既要简炼、概括，又要讲究艺术性。

（7）色彩要单纯、强烈、醒目。

（8）遵循标志艺术规律，创造性的探求恰切的艺术表现形式和手法，锤炼出精当的艺术语言，使设计的标志具有高度整体美感，获得最佳视觉效果，是标志设计艺术追求的准则。

六、商标标志设计

1.商标标志的构成形式

当确定了商标标志设计的造型元素后，下一步就是力求使商标标志在视觉语言的表达上简洁、明快、统一、完美。

商标标志设计在构成形式上有对比、对称、均衡、调和、重复、添加、渐变、发射、突破、立体、节律等。

2.商标标志色彩表现

商标标志不宜使用复杂的色彩表现，一般以单色为主，不超过三套色，色彩须单纯、明快。

色彩也有其个性特征和情感象征，也因人们对色彩的"恒常"经验而产生不同的联想，所以在商标标志的色彩选择上必须与主题内容和个性特征联系起来，用色彩准确地表达商标标志的设计意图。

3.商标标志的精致化作业

当商标标志造型确定之后，须对其展开精致化的修正作业，以确保商标标志造型的准确性、完整性，同时也应预先规划日后的整体传播系统，展开运用的对应性作业，其项目包括：

（1）商标标志造型的视觉化修正。

（2）商标标志造型的数值化(制图法的制作)。

（3）商标标志运用尺寸的规定与缩小的对应。

（4）商标标志的变体设计。

（5）商标标志与基本要求的组合规定。

4.商标标志与基本要素的组合规定

组合系统可按照应用设计项目的规格尺寸、编排位置、方向等进行分析，设定所需要的单元组合。

商标标志与基本组合系统有以下几种：

（1）商标标志与公司名与品牌名标准字的组合单元。

（2）商标标志与公司全称标准字的单元组合。

（3）商标标志与公司名、品牌名、标准字以及企业口号、宣传标语的单元组合。

（4）商标标志与公司名、品牌名标准字，以及公司全称、地址、电话的单元组合。

中国银行标志及运用

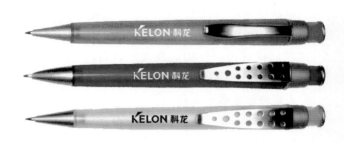

科龙标志及组合系统

七、标志的展开运用

　　随着企业CI战略的出现，标志不仅是作为商品的标记依附在产品上，而是涉及到广泛的范围。它和商标一样，担负着表达传播企业理念与企业文化的重任，并能与各种媒体相适应，以及在各种环境、空间场合突出有效视认度。所以在设计过程中，应考虑其放大应用后而不感到空洞单调，缩小时也能清晰可辨，并能应用在各种不同质感的材料上。标志是商品和企业形象的指代符号，承担着宣传、广告企业和商品经营理念、企业精神，从多视角、多层次地展示其形象。具体应用范围有以下内容：

　　（1）商务用品（名片、信笺、信封、账单、票据等）。

　　（2）广告媒体及版式。

　　（3）标识、招牌、展示。

　　（4）交通工具、外观设计。

　　（5）办公室间、环境设计。

　　（6）包装设计。

　　（7）礼品。

　　（8）员工服装。

　　（9）办公室物件（烟灰缸、铅笔、桌椅、招待所用品、杯盘等）。

海尔标志 海尔与奥运

海尔网页及广告

海尔卖场、活动及标志运用

海尔标志在产品中的延伸

现代商标的设计已不再是狭隘的独立体，已成为CI战略系统的组成部分，与企业形象的树立和企业商业竞争的成败有着密切的关系。商标与标志在运用过程中产生互动作用，在传递商品品牌的同时，也将企业的经营理念、经营内容传播出去，成为与品牌形象、企业形象等值的艺术形象。随着国际交往的日益频繁，商标与标志的区别在于商品性与非商品性。

大家要在具体的创意设计中，灵活地运用现代标志设计基础知识，并在实践过程中不断学习研究中外商标标志设计的潮流和发展趋向，不断提高自身的应变设计能力。

试一试

1. 设计企业标志、商标一套。
2. 设计居民小区标识一套。

任务二 广告设计

任务概述

通过本任务的学习，使学生了解和掌握广告设计与计算机应用技术的紧密联系；掌握广告设计的概念、广告设计的基本方法、广告的分类以及广告设计的基本流程；了解广告设计在现代生活中的现实意义；通过大量图片资料的欣赏和广告设计方法的运用练习，初步掌握广告设计的基本技能。

一、广告的定义和分类

1.广告的定义

广告是广告主付一定的费用，通过一定媒介，向一定的人，传达一定的信息，以期达到一定的目的的有责任的信息传播活动。广告的功能就是传达信息，也就是针对目标公众传达具有个性化的信息，以达到预定的目的。就商业广告而言，即是针对目标消费者诉求产品或企业、品牌的信息，它的目的是为了销售。

2.广告的分类

（1）按传播媒介特点分类　如下表所示：

报纸广告	报纸广告是大众传播的一种媒介，其形态有全国性也有地方性，既有专业性也有综合性
电视广告	我国开播电视广告是在1979年，因其视听结合效果好、诉求力强，目前已成为仅次于报纸广告的大众传播媒介
杂志广告	选用杂志广告应注意：广告图片选择要精、精简内容诉求单一、情理结合、增强说服力、形式多样、设计精良
户外广告	如路牌广告、霓虹广告、灯箱广告、招贴广告、车身广告、车厢广告等
售点广告	售点广告是售货员或购物广场所做的多种形态广告的总称（英文缩写"POP"）、它有售点外部广告和售点内部广告两种，如广告牌、灯箱广告、招牌广告、橱窗广告、柜台广告、立牌广告、悬挂广告、展示架广告、价目牌广告等

想一想

下面的广告是属于上表中所说的哪种广告？

Olé
Buenos Aires, Argentina
Martin Marotta, Art Editor; **Jorge Doneiger**, Art Editor; **Diego Bianchi**, Designer; **Matias Kirschenbaum**, Designer; **Sergio Maraggi**, Designer; **Mariano Nuñez**, Designer; **Gastón Pérsico**, Designer; **Ana Saidon**, Designer; **Cecilia Szalkowicz**, Designer

141

Folha de São Paulo
São Paulo, Brasil

Marcos Augusto Gonçalves, Sunday Editor; **Melchiades Filho,** Sport Editor; **Vincenzo Scarpellini,** Art Director; **Fernanda Cirenza,** Art Editor; **Thales de Menezes,** Assistant Editor; **Toni Pires,** Image Editor; **Adilson Secco,** Infographic Designer; **Mario Kanno,** Infographic Designer; **Jair de Oliveira,** Page Designer; **Adailton Pereira Gontijo,** Page Designer

The Charlotte Observer
Charlotte, NC

Monica Moses, Design Director; **Cory Powell,** Designer; **William Pitzer,** News Graphic Editor; **Tom Tozer,** Project Editor

MAGAZINE PAGE OR SPREAD

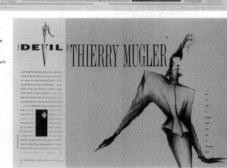

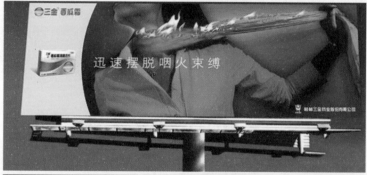

公交·候车亭　　灯箱广告

（2）按照广告的性质分类 如下表所示：

公益广告 （非营利性）	内容包括社会公德、社会福利、环境保护、劳动保护、交通安全、防火、防盗、禁烟、禁毒、预防疾病、计划生育、保护妇女儿童权益等一切对人类社会有意义以及大众所关心的社会问题的广告
商业性广告 （营利性）	包括传达各类商品信息、品牌信息、企业形象信息、服务信息以及观光旅游信息、交易会信息等方面的广告
文化娱乐广告	包括科技、教育、文学艺术、新闻出版、文物、体育等各方面的广告，如音乐、舞蹈、戏剧的演出广告，电影广告，各种展销、展览广告，体育竞赛、运动会广告等

想一想

下面的广告是属于哪种广告种类？

二、广告的发展

　　原始的广告形式是从实物的陈列和叫卖开始的，在我国的许多博物馆中，都有一幅"交易图"，描绘了远古时期人们进行物物交换和叫卖的情况。随着印刷术的发展，平面广告也随之出现，中国历史博物馆珍藏着一幅北宋时期济南刘家功夫针铺广告，是具备了较完整广告要素的古代印刷品广告，也是世界上迄今为止发现的最早的印刷广告。广告的发展是随着媒体的发展而发展的，从店铺的旗帜、幌子、招牌到传单和包装纸广告，从招贴广告到报纸杂志广告等，无一不是广告在新媒体上的应用。当广播、电视等电波媒体出现后，广告便分化为两大基本的表现形态，即平面广告和电波广告。它们在信息传达方式、创作表现形式和媒体属性特征都有着截然不同的规律。在此，我们主要了解平面广告，因为绝大多数视觉广告的最终表现形式都是落实到二维平面上的。

交易图　　　　　　　　　　功夫针铺广告　　　　　　　　广告的发展

三、广告的创意设计元素（传播符号）

1.广告文案

　　广告文案可以是一句话，也可以是一首诗或一篇文章。在整个广告策划过程中，所有的诉求、表达的重点以及广告要达到什么样的目的和境界等表现策略，首先是以文字形态来确定的。

　　广告的文案一般包括以下种类：

广告标题	是和图形交相辉映的视觉传达符号和语言符号。有时标题可以点出广告的主题，有时又是广告内容的概括或是图形的解说，标题可以有主标题和副标题（副标题可以是标题说明）
广告正文	是用来详细说明广告图形和标题所不能完全表达的广告内容。常常在理性广告中使用得较多
广告标语（口号）	是企业在其营销策略的基础上制定出来的，通常以不变的形式、字样等出现在同一企业的不同广告当中

想一想

在下面的几个广告中分别找出哪些是广告标题，哪些是广告正文，哪些是广告标语？

练一练

以"润洁"牌卫生纸为例，请同学们给这个产品策划一个广告文案。

2. 图形

图形是广告中最重要的视觉传达元素之一，广告创意的表现成败，很大程度上取决于图形的表现是否能吸引消费者的视线并引起消费者的共鸣。它还起着激发消费者情绪、使消费者理解和记住广告主题的作用。绝大多数由经过电脑加工和暗房加工的摄影片担任图形的主角，这是展示广告内容和吸引消费者的有效途径。

图形在广告中的作用

3.色彩

平面广告中的色彩是受着具体商品的个性影响的。广告往往因为色彩的单纯和对比的鲜明，为商品营造了独具个性的品牌魅力。

色彩在广告中的作用

4.广告意境

现代人的消费，不仅注重实物消费，而且讲究心理消费和文化消费，他们需要消费"意境"，以及在"意境"引导下进入一种消费氛围中，获得良好的消费感觉。没有意境，受众就无法形成具体的联想，他们心中就没有形象感。有意境的广告，能营造出浓郁的氛围，让受众置身于这样的氛围，仿佛进入一个新的境地，从中领略美的感受。

广告意境的作用

四、广告创意的表现方法

1.广告创意的表现题材

表现的题材有很多，在广告创意表现中可以运用任何事物作为题材来表现广告主题。广告设计人员还应着力追求的是广告创意题材如何更生动、准确地传达广告信息，使广告达到预期的效果。一般广告创意的题材是在消费者的需求中去寻找。

2.广告创意的表现方法

展示法如下表所示：

直接展示法	就是直接将产品放置在画面的主要位置中展示给受众，充分运用摄影写实表现能力，渲染产品，运用各种方式抓住和强调产品和主题本身与众不同的特征
间接展示法	在画面中间接展示产品特性的一种方法，画面中产品所占的位置相对次要，而画面主要表现一种意境，用以烘托产品，使产品在画面中显示个性和品牌魅力

想一想

下面的广告是属于哪种展示方法？

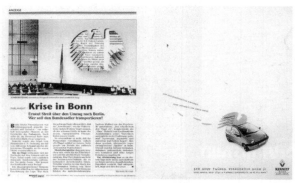

练一练

尝试运用直接展示法设计一幅有关计算机的广告画面，同时运用广告的文案设计，结合图形做一个相对完整的广告画面。

展示产品外观

展示产品内部结构

需要说明的是间接展示法主要运用联想法、拟人法、比喻法等方法制造情节、气氛、意境，使产品独特的品牌个性从广告中显示出来，以区别于其他同类产品。

（1）联想法　联想是由一事物联想到另一事物，或将一事物的某一点与另一事物的相似点或相反点自然地联系起来的一种思维过程。事物与事物之间的关联性是联想产生的最关键的因素。所谓触景生情就是联想的形式之一，它是一种回忆的表现形式，是由视觉和听觉引发出来的加进了以往人们阅历经验的联想活动。

联想的方式有多种，如下表所示：

相似联想	事物的形状或结构的相似性可引发的联想
相关联想	事物的形状或结构的相关性可引发的联想
相反联想	对某一事物有联系的相反事物或对立面的联想
因果联想	对事物产生的原因和结果而引发的联想

想一想

下面的广告是适用的哪种联想方法？

 练一练

　　运用相关联想的方法进行广告创意的构思设计，题材和内容不限。

（2）比喻法　比喻是指在设计过程中选择两个在本质上各不相同，而在某些方面又有些相似性的事物，以此物喻彼物。使用比喻方法可以突出和强化事物某些方面的特点，但又比较含蓄，得到一种"婉转曲达"的艺术效果。

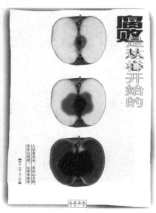

比喻法

 练一练

运用比喻的方法进行广告创意的构思设计，题材和内容不限。

（3）对比法　对比是一种趋向于对立冲突的艺术美中的最突出的表现手法，它把性质不同的要素放在一起相互比较，给视觉造成鲜明的对照和直接对比。下面一组图对比的要素很多，如色彩、方向、形状、大小、数量、新旧、质感、情绪、气氛等。

对比法

对比法

 练一练

　　运用对比的方法进行广告创意的构思设计，题材和内容不限。

　　（4）拟人法　　拟人是将所要表现的对象（如动物、植物、商品等）赋予人格。在广告创意表现中运用拟人化的表现手段，可采用漫画、摄影、绘画、电脑等表现形式，并借助人们日常生活中熟悉的趣事、童话、神话故事或民间传说等素材来形成幽默诙谐的情趣画面。要注重形象的通俗性、愉悦性，创造出生动活泼、天真可爱、幽默风趣的形象去传达某种观念或商品信息。

拟人法

拟人法

练一练

运用拟人的方法进行广告创意的构思设计，题材和内容不限。

（5）幽默法　在广告创意设计中巧妙地再现喜剧性的特征，抓住生活现象中局部性的东西，通过人们的性格、外貌和举止的某些滑稽可笑的特征表现产品或观念的信息，

能赢得人们的好感和喜爱。使用幽默法，要注意笑料的奇和巧，表现出意料之外情理之中的效果。

幽默法

156

运用幽默的方法进行广告创意的构思设计，题材和内容不限。

（6）悬念法　在广告中故弄玄虚，布下疑阵，使人对广告画面乍看不解题意，造成一种猜疑和紧张或探求的心理状态，在观众的心理上掀起层层波澜，产生夸张的效果，驱动消费者的好奇心，并开启积极的思维联想，引起受众进一步探明广告题意的强烈愿望。

悬念手法有相当高的艺术价值，它首先能加深矛盾冲突，吸引观众的兴趣和注意力，造成一种强烈的感受，产生引人入胜的效果。

悬念法

 练一练

运用悬念的方法进行广告创意的构思设计，题材和内容不限。

（7）情感运用法　情感因素最具有艺术感染力，审美就是主体与美的对象不断交流感情，产生共鸣的过程。以各种感情因素烘托主题，使广告信息在一种情景中被传达出来，可以增强广告信息的感染力，加深广告信息的记忆，达到广告的劝服目的。通常的情感因素有亲情、爱情、友情和回忆等。

情感运用法

 练一练

运用情感运用的方法进行广告创意的构思设计，题材和内容不限。

（8）夸张变形法　在广告创意表现中对所宣传的对象的品质或特性的某个方面进行相当明显地过分夸大，以加深或扩大对这些特征的认识。夸张法能鲜明地强调或揭示事物的实质，加强受众对产品或服务的感知效果。变形法的特点是改变对象的基本形状、固有特征或局部特征，是在夸张的基础上，有意识地对自然原形在某种程度上加以改变，使其偏离正常的标准、比例、结构、性质形态，变形是夸张的需要，它加强了广告的刺激效果。

夸张变形法

练一练

运用夸张变形的方法进行广告创意的构思设计，题材和内容不限。

五、 广告的编排设计

广告的编排设计就是把广告的各个要素合理、美观和创造性地安排在广告的版面之中，并引导人们的视线在广告中停留更多的时间。在此我们首先要了解编排的概念：编排是一种有生命的、有性格的精神语言，相同的图形或相同的颜色，可以通过编排来表达完全不同的广告情绪和广告性格。

1.广告图形文字与空间的构成

任何编排要素在形态的原理上，均属于点、线、面的分类。点形态在空间中产生活跃、轻松的视觉效果，线形态在空间中产生方向性、条理性的美感，而面形态与空间产生着层次性美感。

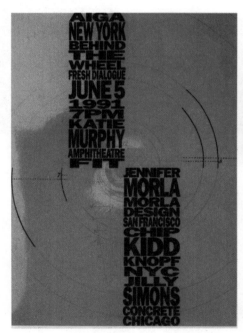

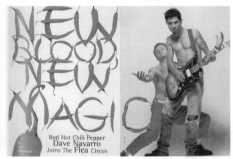

图形文字与空间的构成

2.广告版面的空间分割概念

在平面中进行广告要素的编排，对版面来说也是一个分配问题，如何划分版面空间，使它们之间既有内在联系又有各自支配形状的条件，保证视觉上的良好次序感，这就要求被划分空间之间有相应的主次关系、呼应关系、形式关系。

3.广告要素在版面中的重心关系

重心是心理上的中心。重心在空白的版面是由位置而定，它常处于中心偏上的位置。对重心的理解应该是心理上的焦点，把握重心也就是把握了编排的整体性。

159

广告要素在版面中的重心

六、 广告设计的色彩应用

广告色彩的应用，是把握广告所表达的情绪是否准确的关键。如何应用广告的色彩，涉及的美学和心理学的因素非常复杂。色彩带给我们的情绪感染，是文字无法替代的，广告的色彩不是取决于创作者，它的面貌取决于品牌个性、企业形象风格以及广告受众生活、文化价值观。

色彩在广告中的应用

1.广告色彩的情感性与象征性

色彩会对人的视觉器官产生刺激和感受，并引起人的精神行为等一系列心理反映，它具有感情、联想和象征意义，这是色彩心理的具体体现，对广告设计具有非常重要的意义。

色彩的情感性

人对色彩的思维反映含有一定的主观性，人的视觉感受和对色彩的心理反映形成色彩的情感，引起色彩的联想。色彩的联想可以引发色彩的暗示作用。

色彩的冷暖可表现不同商品的特性。冷色调可以表现空调、冰箱等家用电器，可使人在心理上产生寒冷、凉爽的联想。暖色调可使人在心理上产生温暖感。运用色彩对比与调和而形成的明快色调，能使人产生愉悦感。应用互补色调这种强烈而又统一的明快色调，具有的色彩表现力和视觉冲击力，能使画面充满清新感，使形象更为鲜明突出、生动活泼。蓝色、白色可表现食品的冷冻和清洁卫生等。

广告画面中的冷暖色调

色彩的象征性是在色彩情感、色彩联想的基础上形成的一种思维方式。色彩的联想赋予了色彩各种表情，并被概括成一定的精神内容，最终形成色彩的象征意义。

2.广告色彩的设计原则

在广告设计中，色彩并不是用得越多效果就越好，而是要用尽量少的色彩去获得较完美的色彩效果。用色要高度概括、简洁、惜色如金、以少胜多，配色组合要合理、巧妙、恰到好处，强调色彩的刺激力度，形成较强的视觉冲击力。从整体出发，用色应注重对比与调和，注重色彩的情感及象征性；色彩要主次分明，形成一定的层次感，以突出广告的主题。

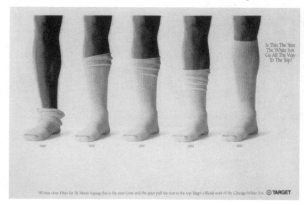 

简洁概括的色彩

七、 广告欣赏

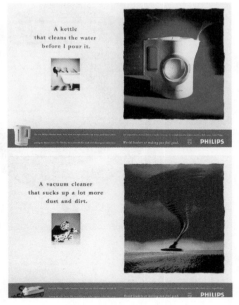

宝丽来相机广告

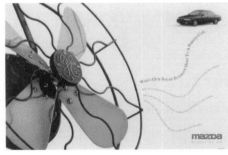

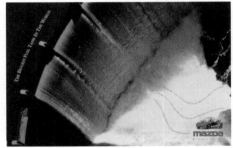

练一练

结合平时大家在路边、电视上所看见的各种广告，运用所学到的广告设计知识，具体针对家用电器、服装服饰、食品、酒类、饮料和儿童用品等不同种类的产品，分别设计一幅广告作品（教师依据不同种类的商品分别提供不同的图片，让学生依据这些分别按照前面所学的设计方法进行单独的广告设计方法的练习）。

任务三　包装设计

任务概述

通过本任务的学习，同学们要了解和掌握包装设计在生活中的重要性、包装的设计方法、设计的一般规律；还要了解包装设计的广泛范围，学习掌握常见的包装设计和制作方法，以便于在今后运用于工作之中。

一、包装设计概述

人要衣妆，产品要包装——包装与我们的生活密切相关。在原始社会，由于无多余的粮食储存，因此也无包装的需要。后来，随着生产的发展，储存有余以供不足，于是就产生了包装。特别是有了商品交换以后，更少不了包装。古代的包装大多取材于自然材料，如泥土烧成的器皿、草编的篮子，甚至以一些植物的枝、藤、叶、果等作为包装材料，有的流传至今。

运用自然材料制作的包装

二、包装的作用和分类

1.包装的作用

包装具有促进销售、保护商品、适应生产、适应环境、适应社会等作用。

包装体现的不同作用

2.包装的分类

一般来说，包装可以分为工业包装和商业包装两大类。工业包装，又称运输包装，也称大包装或外包装，从包装程度看还可以称为第3次包装；商业包装，又称销售包装，也称小包装或个装。

多样化的包装类型

三、包装的适正化

包装的适正化是指包装应根据产品本身身价、使用人的身份、使用场合做不同处理，如果超过了应有的限度，就成了过分包装、夸大包装、欺骗包装，加重消费者的负担，引起消费者的不满。因此，包装要适正化，进行恰如其分的包装。

想一想

现实生活中有哪些商品的包装价格超过了产品本身的价值？

四、包装设计的一般规律

商品包装设计是以商品为主题来设计的，一般都是在许多预先拟定的条件下进行的，如事前确定的包装对象、包装规格、包装材料、造型结构、印刷工艺、包装工艺等，然后再进行整体性的设计，在进行设计的时候必须注意以下两个方面的规律：

1.明确的商品性

通过画面图案或包装形态以及传统习惯来提示、衬托某种商品的特点和性质，使消费者一看包装的面貌就知道里面是什么内容，并引起购买的一种手段。

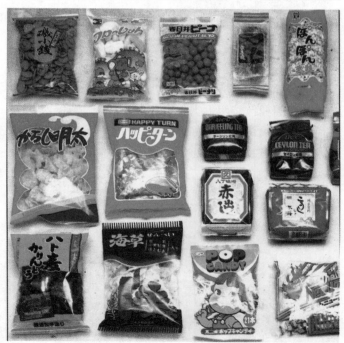

一看包装就知道里面的内容

2.完美的艺术性

艺术性就是运用设计技巧，妥善地安排布局，以新颖、鲜明、生动的形式来体现，使商品显得更加美观大方，新颖突出，在同类产品中更富有竞争性，能在一堆商品中第一个吸引消费者的注意并引发购买兴趣。

包装的艺术性

五、包装的设计方法

如何搞造型结构、如何方便使用、如何工艺加工等，都需要我们对生产知识应有所了解，明确我们搞的是综合设计。

1.构思

构思是艺术创作的第一步，是对整个设计意图的一种预想。包装设计的构思是对商品包装的一种设想，包括对包装材料的选择、造型结构的组织，以及图案的处理等方面做一个全方面的考虑。构思是整个设计的关键，包装设计构思必须注意以下几个方面：

（1）突出主题——紧紧抓住商品的主题，突出其形象、牌名、品名，尽量反映其特点。

突出主题

（2）形式要服从于内容——可以运用各种不同的艺术处理方法和各种不同的表现形式为内容服务。

（3）要有意境——想法要新颖，不落俗套。

（4）从商品的内容来考虑——如在饼干盒上画饼干、在餐具盒上用餐具的实物照片等。

从商品的内容来考虑

（5）从商品的牌名来考虑——如雪花牌啤酒的包装，背景图案就用雪花的图案；孔雀牌画孔雀图案作背景。

（6）从商品的产地来考虑——北京产的就画北京的风景图案或是产品所在地的典型建筑物和著名风景等。

（7）从商品的生产原料来考虑——产品的生产原料是橘柑和黄鱼，那么画面上就画橘柑和黄鱼。

（8）从商品的用途来考虑——如洗衣粉的包装就画洗衣或晒衣服的场景。

（9）从商品的某种特征来考虑——如洗衣粉、肥皂多以泡沫为好，可以大圆圈的图案为好，而冷冻食品的文字上可加上些积雪的图案。

从产地来考虑

（10）从商品的特有色彩和使用对象来考虑——这是包装设计中色彩上常用的表现方法，诸如橘子用橙色、咖啡用褐色、紫罗兰用紫色等。

从商品特有色彩和对象来考虑

（11）用抽象的图案来装饰——近年来国外构成主义美术、光效应美术等的流行，同样也影响到包装设计上，尤其是在一些现代产品的包装上。

用抽象的图案来装饰

2.构图

构图是构思的具体化，中国画中把构图称为"经营位置"，即把构思所决定的表现内容通过设计者对内容的理解以及设计者的艺术素养加以组织，成为一种具体的形象安排。在包装设计的构图中既要突出主题、主次分明，又要层次丰富、条理清楚，并且要符合构图的基本法则。

在构图中，特别是对空间的处理，必须要有疏有密，决不要平均对待。特别是主题部分，如没有适当的空间衬托，是很难显示出来的。

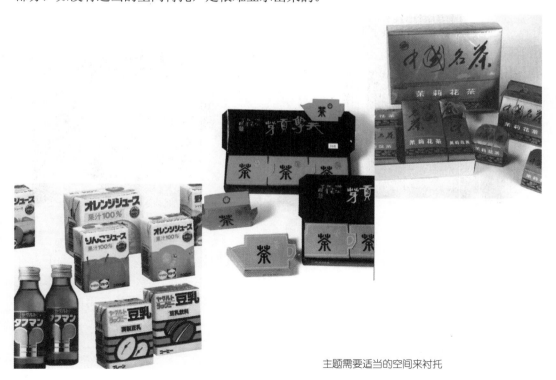

主题需要适当的空间来衬托

在包装设计中，一般的包装盒有6个面，要选择一个主要的展示面。有时只是一个面，有时有两个面甚至于周围4个面，都需要同样对待。在构图安排时既要突出主题，又要突出主要展销面。

平面构图中的线与面分割，在分割的时候切忌分得太碎，不能光注意分割，不注意统一，还必须把已经分割的面加以联系、统一，形成一个整体。

注意各个面的联系和统一

 练一练

结合版式设计的知识进行包装盒表面的构成分割练习，要求将同一个包装盒进行6个不同款式的分割练习。

在包装设计中有许多文字，我们必须将它们看成是构图中必不可少的一部分，要分清它们的主次，在构图时有意识地把文字放在显眼的位置，并可以运用文字把分割面贯穿起来。

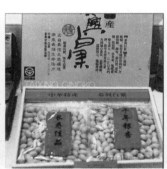

运用文字把分割面贯穿起来

3.色彩

人们的视觉对色彩是最敏感的，色彩最能引起人们的注意。色彩在商业美术中占有非常重要的位置，商品陈列在柜台上，人们还没有看清楚文字内容，先被它的色彩所吸引，所以色彩应用的好坏对商品来说是非常重要的。包装设计中色彩的应用应注意以下几点：

（1）色彩的对比与调和。

（2）主色。

（3）色彩的主次。

（4）色彩的层次。

（5）色彩的联想。

（6）色彩的工艺制约。

色彩在包装设计中非常重要

六、包装设计的表现手法

有了构思，又有了具体的构图，接着就需要考虑表现方法的问题。包装设计的表现方法有写实、夸张和抽象等。应根据不同的商品以及不同的印刷工艺适当选用。

（1）写实的手法　运用照相和绘画的方法，给人以真实的感受。

（2）抽象的表现方法　不直接反映商品的具体形象的抽象表现方法，给人以概括简练的感觉。

用抽象手法来反映商品特点

用抽象手法来反映商品特点

（3）夸张和概括的表现方法　有些商品包装上的图案，如做一些艺术的夸张或运用漫画的手法处理后，能加强人们的印象，起到更好的宣传效果。

夸张和概括的表现方法

七、文字的安排

在包装设计中需要书写的文字有牌名、品名、型号、数量、说明文、厂名等，但必须把文字安排作为整个设计的一部分来考虑。包装设计上的文字一定要准确、醒目，容易辨认，文字要有主次，同时在用色上也要有主次之分。

包装设计中文字的字体应该多样化，并且要结合字体的内容进行变化中文的各种美术字以及书法中的正、篆、隶、草，以及金石等体都可以运用；外文中的新老罗马体、古老的歌德体以及现代的宇宙体等都可以运用，但都要根据商品的内容来定。设计文字要注意字距，行距排列要得当，各类文字要有聚有散，字体要大小得当，远看字体的色彩搭配要引人注目，能在一大堆商品中"跳出来"，近看精致、艺术质量高，久看耐人寻味，有整体统一效果，立体效果好，具有群体观的概念。

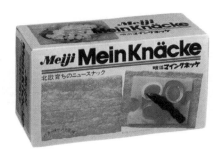

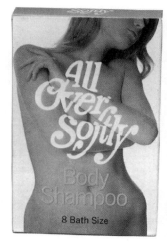

文字的安排

173

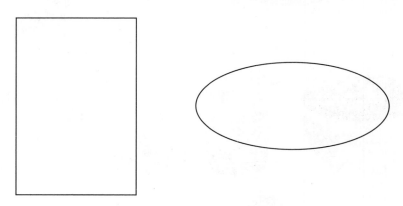

想一想

包装设计中编排的文字与平面设计中点、线的构成有什么异同？

练一练

在下面的分割图形中进行恰当的文字安排，构成灵活多样的文字版式。

八、常见的纸盒包装结构

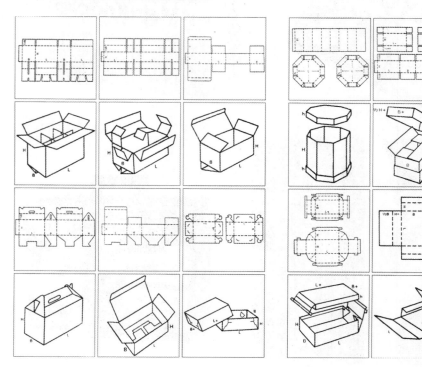

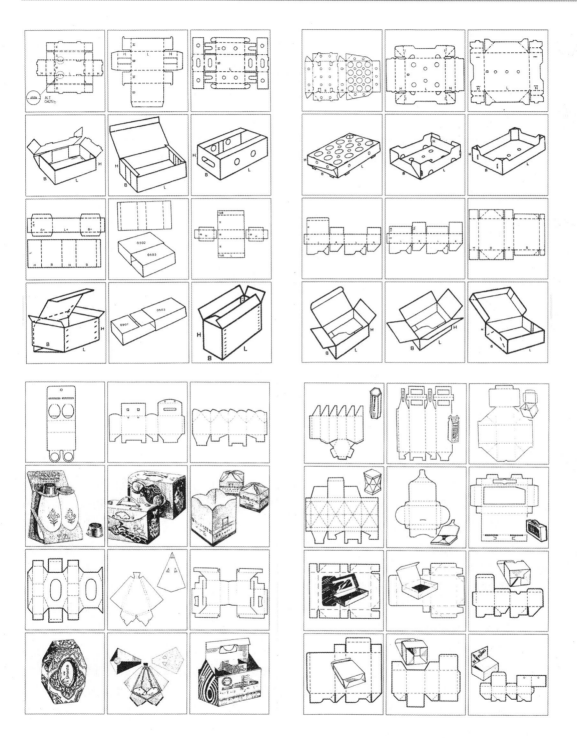

练一练

从以上的包装盒结构中选择6个结构形式进行包装盒结构的制作练习。

金点子

包装设计要依据所包装的产品内容和形象进行大胆而丰富的想象和联想，用那些相关联的事物和情景来设计包装的表面图形纹样，这种方法是惯用的，而且一般不会出错。

试一试

尝试用一种结构的包装盒、不同的设计和表现方法分别设计饮料、奶制食品、五金工具、家用电器等大小不等的包装外观设计，尽量将包装的多样化体现出来。

任务四　书籍装帧设计

任务概述

书籍装帧设计需要经过调查研究和检查校对的设计程序。首先向委托作者了解原著的内容实质，并且通过自己的阅读、理解，对书籍的内容、性质、特点和读者对象等做出正确的判断，对书籍的形态拟出方案，解决开本的大小、精装、平装、用纸和印刷等问题。对于一个设计者而言，如何在既定的开本、材料和印刷工艺条件下，通过想象调动自己的设计才能，并使其艺术上的美学追求与书籍"文化形态"的内蕴相呼应。不只是停留在政治书籍要庄重大方，文艺书籍强调形式多样，儿童图书追求天真活泼，更要进一步深入，使书稿理解尺度与艺术表现尺度在创作中充分和谐性表现。以丰富的表现手法、丰富的表现内容，使视觉思维的直观认识（视觉生理）与视觉思维的推理认识（视觉心理）获得高度统一，以满足人们在知识、想象、审美多方面要求。一本好的书籍，不仅要从形式上吸引、打动读者，同时还要耐人寻味，这就是要求设计者具有良好的立意和构思，从而使书籍的装帧设计从形式到内容形成一个完美的艺术整体。

学习完本任务后，你将能够：了解书籍装帧设计的常用构成元素；掌握基本的书籍装帧设计技巧，并能灵活运用；掌握基本的书籍装帧设计色彩搭配原理，并能灵活运用；了解不同书籍装帧设计的设计风格；逐步树立认真、细致、严谨的做事风格。

一、书籍装帧的历史发展

书籍装帧的发展

书籍形式	装帧形式	书籍材料	连接形式	年 代
简册形式	木牍、竹简	木片、竹片	韦编、丝编	前10~东汉末年105造纸术发明
卷轴形式	卷轴装	绵帛、纸、木棒	糊裱	前3~魏晋南北、隋唐
	旋风装	绵帛纸	糊裱	唐中~北宋
折叠形式	经折装	纸	糊裱	949左右
册页	蝴蝶装	纸	糊裱	五代至宋
	包背装	纸	糊裱	元~明
	线装	纸	糊裱	19世纪末
	平装	纸	金属订、线订、胶订	19世纪末
	精装	纸、板、皮	金属订、线订、胶订	现代

二、书籍装帧设计的元素

书籍装帧设计的常见构成要素包括封面、封底、书脊、护封、扉页、页眉及正文设计，如下图。

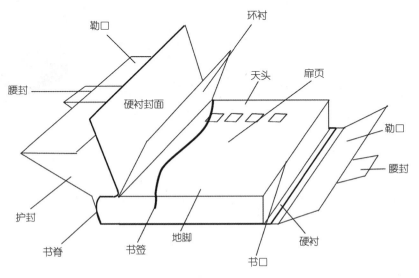

书籍的构成要素

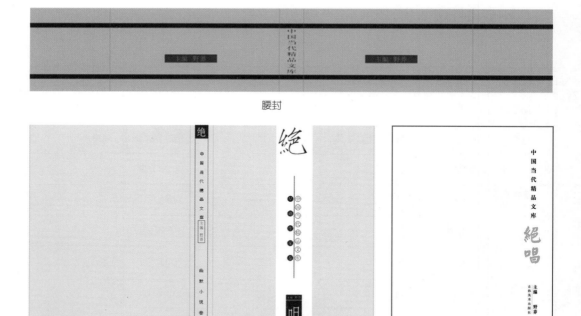

腰封

硬衬封面

扉页

目录

书籍设计效果图

 想一想

　　一本常见的书籍整体由哪些部分组成？请填写在下面。

📖 知识窗

> 封面设计通常包括封面、封底和书脊。图形、色彩和文字是封面设计的三要素。设计应该在内容的安排上要做到繁而不乱，就是要有主有次，层次分明，简而不空，意味着简单的图形中要有内容，增加一些细节来丰富它。例如在色彩上、印刷上、图形的有机装饰设计上多做些文章，使人看后有一种气氛、意境或者格调。
>
> 设计者就是根据书的不同性质、用途和读者对象，把这三者有机的结合起来，从而表现出书籍的丰富内涵，并以一种传递信息为目的和一种美感的形式呈现给读者。

（1）封面　好的封面就像招贴画一样吸引着读者。书籍已经是一种文化商品，这就要求书籍的设计也要适应市场的需要，一本好书即使有再好的内容，如果没有吸引人的封面，也会被埋没在书架上。封面设计应该有视觉冲击力，能在第一时间抓住读者的注意力。同时书籍不是一般商品，而是一种文化，因而在封面设计中，哪怕是一根线、一行字、一个抽象符号、一两块色彩，都要具有一定的设计思想。既要有内容，同时又要具有美感，达到雅俗共赏。

封面设计的要点有以下几个：

①封面设计的简约与完整。封面设计过程中要不断推敲、反复斟酌，去掉一切多余的东西，要把想象的空间留给读者，要清楚地知道作者要表达的最本质的东西，用简炼的方法概括出来，在有限的设计空间里去引发读者无限的联想。

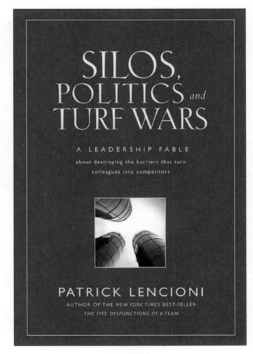

封面图例

②设计中点、线、面的运用。在设计师眼里，一切平面设计中的元素都可以看成点、线、面的构成。它们相互交织、相互融合，构造出一种次序、一种韵律。文字、图形、图像都可以看作是点、线、面的存在。

③封面色彩的运用。色彩优先于形象，尤其在短距离识别上，色彩对人的冲击力比形象更强烈一些。设计颜色时，首先要考虑色彩的主调，一个封面一般以一种颜色为主调，可以让一种颜色的面积大一些，并占据画面的主要位置，而其他颜色占次要位置，这样既保证了设计的主调，又有色彩的对比和层次。

色彩设计时还应该考虑书籍内容的主调与色彩构成色调的心理联想相联系。

知识链接

> 书脊封面设计中的色彩设计可以参考本书中关于色彩知识的章节。

④封面书名的设计。封面书名的设计应该根据书籍内容的特点来确定书名设计的处理设计方式和风格特点。设计书名应该考虑书名的字体字型、位置大小和封面的色彩调和对比。例如：书名摆放的位置不同，便会给人不同的感觉，书名在中间让人感觉沉稳、古典、规矩；在书的上部感觉轻松、飘逸。在靠近切口的一边有动感，有向外的张力；在下部感觉压抑、沉闷。设计书名的位置时要与书籍内容所要表达的感情结合考虑。

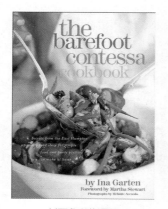

封面色彩的运用

封面图例

想一想

1.书籍封面设计的方法和注意方面有哪些？

_____

_____

2.请把书籍封面设计的具体要求总结在下表中。

书籍封面设计的要点

书籍封面设计的要点	具体要求

（2）封底　书籍的封底是封面设计的延续，它延续了封面的色彩、图形等，对封面进行连续性的视觉信息传递，它和封面是一个整体，不能分开设计。但封底的设计应该对封面起一个辅助作用，不能太花太杂，要与封面分清主次。

（3）书脊　书脊往往展示在图书馆、书店的书架上，或者自家的书柜之中，便于读者查找。因此，书名一定要易于读者辨认，书名是书脊最重要的设计元素。封面由书脊再到封底，是一个连续的过程。设计时要把封面、封底、书脊看成一个整体来处理。

（4）扉页　扉页在正文的前面，但又必须与正文及整本书的设计风格相一致。它的产生源于书籍的生产和发展，为了让读者能迅速地辨认和区别不同书籍的内容，于是产生了与正文脱离的扉页。在书籍设计艺术中，第一张独立的扉页是1463年德国人彼得·舍费尔为国王查理四世的敕书设计的。

扉页的含义除了向读者介绍书名、作者及出版社名外，还是书的前奏和序曲，因而是书籍内部设计的一张脸。扉页的设计能体现出书籍的内容、时代精神和作者风格。

按照习惯，扉页的次序是：1—护页；2—空白页、卷首插页或丛书名；3—正扉页（书名页）；4—版权页；5—赠献、题词、感谢；6—空白页；7—目录。现代书籍设计中对扉页的次序及数量的要求已没有固定的规定，现代书籍设计应根据实际需要进行灵活处理。

封底与封面分清主次

封面、封底、书脊是一个整体

扉页设计

空白页的使用有其独特的魅力。因为当我们翻开书时首先看见的是右页，所以右页比左页重要一些，因此将左页空白是为了加强右页的效果并提高它的地位。有时在一些个性化较强的书籍中也常常将右页空白，这时空白页就是一种创意、一种风格了。

①正扉页。正扉页又称为内封或书名页，是扉页的核心部分。在现代书籍设计中，对正扉页的设计趋于简洁明快，在其上放的内容较少，一般只有书名、作者、出版地点及出版时间等。

正扉页设计要求：在现代书籍设计中，正扉页与封面的设计风格要一致，但是应比封面更加简洁，与正文的设计风格必须统一，给人一种一气呵成的感觉。正扉页的字体应该简洁，不能让人感觉零乱，且要与书

正扉页

籍内容符合；字号的使用应以突出书名为主，字号的大小不宜超过3种；字距及行中应该与字号的大小成比例。

版权页原本是表明出版社"版权所有，翻版必究"的法律权益，现在它的内容更加完备，包括书名、作者、编者、译者、出版社、发行部门、印刷者的名称及地址、图书在版编目（CIP）数据、开本、印张和字数、出版时间、版次和印数、标准书号和定价等。

版权页设计风格应尽量简洁，字体要比正文小，位置一般在版心的下方。为了便于读者、图书管理者翻阅，现在部分书籍将该页放在书籍的末尾。

护页已失去了原来保护书籍的目的，现在多作为一种鉴赏。该页的内容多是作者姓名和书名，或是出版社，或是标语口号及纪念性的文字，或是作者的签名及照片等，总之其设计风格应简洁大方。

📖 知识窗

正扉页的设计形式基本上采用对称或均衡的版式。文艺类书籍大多采用对称，而科技类书籍则偏重于均衡。采用哪种形式要取决于书籍的内容及风格，应始终遵循一个与整体设计统一的原则。色彩在正扉页上的使用，目的是为了突出书名，注意运用的色彩在含义上必须与书籍内容相符合。字行形成的灰色调与书名的黑色可以产生黑白灰层次上的变化，在正扉页上要充分利用这种黑白灰产生的和谐的色彩效果。

②序言、索引和附录。序言又称为序、跋、前言、后记或编者按语等，一般放在正文的前面，有时放在后面，是作者（或译者、编者、出版社）写的，对读者阅读书籍起指导作用，其字号不要大过正文的字号。

索引和附录总是安排在正文的后面，但作为正文之外的部分仍可归在扉页里面。索引是把正文中的人名、地名或词条单独列出，通过分类等方法依次排序，标明页数，便于读者翻阅。它的设计一般要分为两栏或多栏，字号要比正文的小。

附录包括有关的参考书目、引证文章以及图录，在设计方法上与索引相似，内容少时可以不分栏。

序言

目录

想一想

1. 扉页设计一般包括哪些方面？

_____

_____

2. 正扉页设计要求是什么？

_____

_____

三、书籍版式设计

版式设计即对文字、插图、装饰图案等元素在既定版面上编排形式的设计。好的版式设计能清晰地展现书稿的性质、结构、层次、意图，并与开本、装订形式以及封面、插图风格和谐一致，起到方便实用、美观悦目的作用。

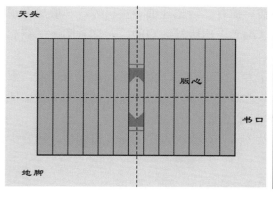

传统版式结构　　　　　　　　　　　现代版式结构

版式设计应遵循以下原则：

①思想性与艺术性的统一。版式设计的形式本身并不是目的，设计是为了更好地传达思想，形式符合思想是版式设计的前提。

版式符合思想

在变化中追求统一

②变化与统一。整本书刊及整张报纸的版面设计，总是要追求丰富和变化的，不仅文字的版块位置要有变化，字体、字号和插图等也要有变化。要追求变化，但也不能忘了统一，于变化中追求一致这样才可以使整本书具有整体感。

③装饰性与独创性。为了使版面更好地表现内容，更强烈地吸引读者，增强读者对内容的兴趣，装饰性和独创性就是一个必要的手段。怎样才能达到意新、形美，并具有审美情趣，这取决于设计者的文化内涵。

装饰性与独创性的统一

④主题。突出主题是设计之初首先要考虑的问题，版式设计的最终目的是使版面条理清楚，引导读者视线的走向，使读者增进对版面内容的理解。

⑤强调整体。即将版面的文字、图片、颜色等各种编排要素做整体的设计。

版式设计的原则还包括比例适当、视觉流程与方向、立场与重心、对称与均衡、节奏与韵律、空白、分割。

突出主题

内页设计

 知识链接

关于版式设计中的具体形式可以参考本书中有关版式设计的章节。

 想一想

1.版式设计的原则是什么？我们应该怎样理解？

_____

_____

2.版式设计要注意哪些方面？

_____

_____

四、书籍开本设计

书籍设计的程序中，首先需要解决的问题就是确定书籍的开本，开本指的是一本书的面积。只有确定了书籍开本的尺寸后，才能进行一系列的设计工作，包括确定版心、版面布局、插图设计、封面设计及正文设计等。通常在确定一本书的开本之前，要根据书籍的内容及性质做一个整体的构思。

确定书籍的开本一般从以下几个方面入手：了解书籍的内容和性质、稿件的篇幅、出版社规格要求、目前此类书的开本规格、读者对象群体、书籍的成本。

知识窗

开本的确定还受到纸张大小的制约。目前使用的正文纸张主要为787 mm×1 092 mm和850 mm×1 169 mm两种规格，为了区别两种开数相等而面积不相等的开本，我们把前一种规格称为小开本，后一种称为大开本。

787 mm×1 092 mm纸张开切的开本尺寸为：

4开：381 mm×533 mm	18开：175 mm×251 mm
6开：356 mm×381 mm	20开：186 mm×210 mm
8开：267 mm×381 mm	24开：175 mm×186 mm
12开：251 mm×381 mm	28开：151 mm×186 mm
16开：191 mm×263 mm	32开：130 mm×186 mm

850 mm×1 168 mm纸张开切的开本尺寸为：

大16开：206 mm×283 mm	大32开：141 mm×203 mm
大64开：102 mm×138 mm	

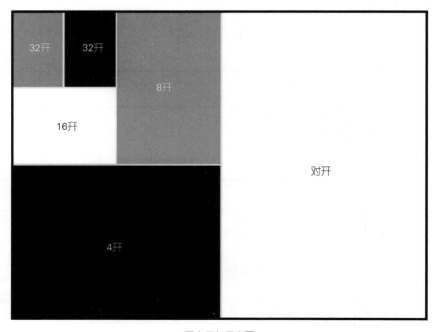

开本分割示意图

五、书籍设计欣赏

少儿类书籍形象活泼，充满童趣，以看图说话的方式，内页文字字号较大，以利于阅读

画面以黑色为背景色，主图画面色块的安排富有节奏感和韵律感，体现了书籍的主题。插图中的斑马线比喻黑白琴键，体现了韵律感

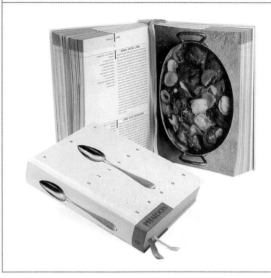

书籍封面以一把银勺作为画面中央主图，文字均匀分布在画面中，整个画面简洁而又充满构成感

书籍封面简洁，插图人物形象卡通化，风格清新秀丽。突出书名中的"YOU"，是《对你的关怀——女孩》一书封面设计成功之处

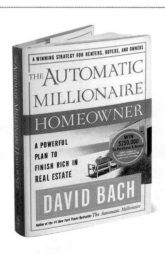

封面图形设计简洁，以文字为主，突出书名和揭示书的主题

以一个女性钱包作为主画面，揭示本书主题"女性、情感与金钱"。画面中钱包的竖线与文字构成的横线形成对比，画面简洁，主题鲜明

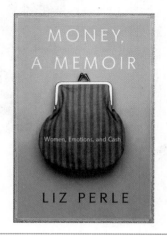

想—想

对于一本儿童文学书籍，你准备怎样来设计它的封面，以及色彩的色调？把你的想法写出来。

_____

_____

_____

任务五　网页设计

任务概述

网页艺术设计是伴随着计算机网络的产生而形成的视听设计新课题，是网页设计者

www.nasa.gov网站

189

以所处时代所能获取的技术和艺术经验为基础，依照设计目的和要求自觉地对网页的构成元素进行艺术规划的创造性思维活动，必然要成为设计艺术的重要组成部分，并随着网络技术的发展而发展。表面上看，它不过是关于网页版式编排的技巧与方法，而实际上它更是艺术与技术的高度统一。网页艺术设计包含视听元素与版式设计两项内容；以主题鲜明、形式与内容相统一、强调整体为设计原则；具有交互性与持续性、多维性、综合性、版式的不可控性、艺术与技术结合的紧密性5个特点。网页艺术设计的"美"和"功能"都是为了更好地表达网站主题。

学习完本任务后，你将能够：了解网页的常用构成元素；了解网页的常用编辑设计软件；掌握基本的网页版式设计技巧，并能灵活运用；掌握基本的网页色彩搭配原理，并能灵活运用；了解不同网站的设计风格；逐步树立认真、细致、严谨的做事风格。

一、网页设计的元素

这里所说的网页元素主要包括文本、背景、按钮、图标、图像、表格、颜色、导航工具、背景音乐、动态影像等。无论是文字、图形、动画，还是音频、视频，网页设计者所要考虑的是如何以感人的形式把它们放进页面这个"大画布"里。多媒体技术的运用大大丰富了网页艺术设计的表现力。

1.网页图形图像

通常，网页图形图像的编辑使用Adobe Photoshop, Adobe Imageready, Adobe Illustrator, Macromedia Freehand, Macromedia Firework。网页图形图像支持jif, jpg, png, bmp等图片格式。

2.网页编辑软件

常见的网页编辑软件有Microsoft公司的Frantpage和Macromedia Dreamwever软件，实现可见即可得。其他许多软件也能实现一些网页编辑的功能，可以作为辅助设计软件，如Adobe Imageready, Macromedia Firework等。

3.网页动画编辑

JIF动画：可用Adobe Imageready, Macromedia Firework和JIF animator等软件。JIF动画在Macromedia Dreamwever中以图像元素存在。

Flash动画：Macromedia Flash软件编辑。

 练一练

总结一下设计网页的元素常常要用到哪些软件。

网页图形图像	
网页编辑软件	
网页动画编辑	

二、设计的一般结构

网站一般由主页和栏目页组合而成，其特点是同一级栏目的页面之间相互连接，二级页面只与所直属的上一级页面相链接。这样的结构使栏目归属清晰，浏览者不容易迷航，浏览效率高。

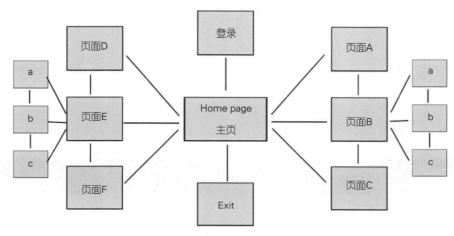

网站设计的一般结构

三、网页的组成部分

1.网页logo

即标志，是创建网站的企业或主体的标识部分，以利于网页浏览者对网页主体的识别，通常放置在页面最显眼的位置。

网页logo

2.Banner

网站广告的一种主要形式，放置最希望浏览者看到的东西。Banner可以放置网页的各个部位，一般占据整个页面的顶部或放置于两边成为浮动广告，通常采用图形、图像、动画的表现形式。

Banner

3.网站导航

用来引导浏览者快速获得所需信息。网站的一级页面（主要栏目）的链接按钮的表现形式。合理清晰的导航设计犹如网站的地图，使浏览者能够快速、流畅地浏览网站。在满足导航功能的基础上，设计者也应该考虑导航条的装饰性，诸如它的色彩、形态、大小、在页面的位置和与其他页面元素的协调，以丰富网页的视觉效果。

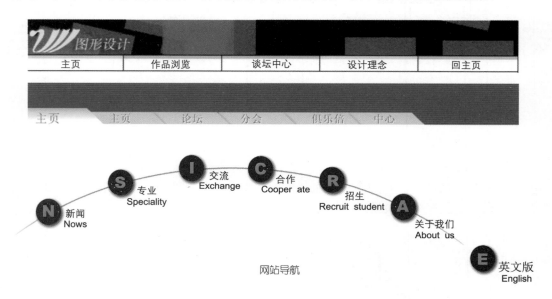

网站导航

4.图标与按钮

图标是网页的重要组成部分，是网页互相链接的表现形式。图标设计应该生动有趣，色彩丰富而充满活力，在设计上讲求形式上的变化，如不规则造型、手绘风格，以及透明和金属等肌理效果。图标与按钮体现了网页设计的细节，具有很强的装饰性。

图标与按钮

5.网页内容

体现网页主要内容的区域。

6.页脚布置区

体现网页主体信息、版权信息等内容。

练一练

1.列举出你最熟悉的3个企业标志，说说这些标志的创作方式。

2.列举出你最熟悉的3个Banner或网站广告，说说这些作品的创作方式。

四、网页的版式设计

1.网页设计的一般布局

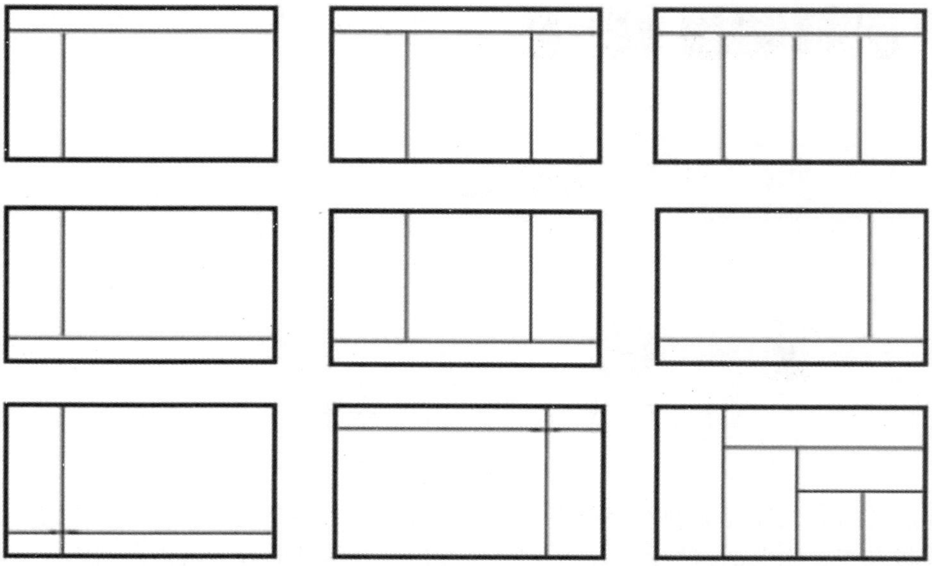

网页设计的一般布局

编排设计的形式美原理包括变化与统一、对比与协调、对称与均衡、节奏与韵律。

2.网页的版式设计

网页的构建与编排一般要遵循平面设计的构成编排原理，但网页作为一个新兴的信息传播媒体平台，在构建编排上有自己的特点。网页的版式设计同报刊杂志等平面媒体的版式设计有很多共同之处，它在网页艺术设计中占据着重要的地位。所谓网页的版式设计，是在有限的屏幕空间上将构成网页元素进行有机地排列组合，将理性思维个性化地表现出来，是一种具有个人风格和艺术特色的视听信息传达方式。它在传达信息的同时，也产生感官上的美感和精神上的享受。

在对网页构建的进一步分析中，其内容的构成，视觉关系一定是清晰流畅的，也就存在一个视觉流程问题。视觉流程的形成是由人类的视觉特性所决定的。因为人的视觉焦点不能同时停留在两个或两个以上的地方。人们在浏览信息的时候，先看什么、后看什么，就形成视线的流动。网页版式设计要突出重点信息，使之成为视觉的焦点。同时页面信息的安排要符合视觉心理顺序和思维发展的逻辑顺序，使浏览者在浏览网页的时候既能注视重点信息，又能轻松地浏览其他信息，形成流畅的视觉流程。下面我们就一些具体的网页来具体分析一下。

这是www.film.com网站首页，体现了网页常见的各个组成部分的安排形式，突出logo以利于其形象的传播，banner部分也突出了其网站的行业特点。内容安排条理清晰，利于网站信息的传达。

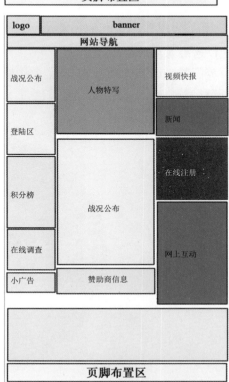

对网页的具体介绍

优秀的网页设计必然服务于网站的主题。也就是说，什么样的网站应该有什么样的设计。网页艺术设计与网站主题的关系应该是这样：首先，设计是为主题服务的；其次，设计是艺术和技术结合的产物，就是说，"美"，又要实现"功能"；最后，"美"和"功能"都是为了更好地表达主题。当然，有些情况下，"功能"即是"主题"，还有些情况下，"美"即是主题。例如：百度作为一个搜索引擎，首先要实现"搜索"的"功能"，它的主题即是它的"功能"。而一个个人网站，可以只体现作者的设计思想，或者仅仅以设计出"美"的网页为目的。它的主题只有一个，就是美。

 想一想

你能提出自己的网页编排形式吗？

_____

_____

 练一练

大家尝试一下用笔在画纸上设计几个网页的编排构成。

五、网页设计的色彩设计

1. 色彩基础

英国物理学家牛顿1666年做过光学实验，将一束太阳光穿过三棱镜，折射出红、橙、黄、绿、青、蓝、紫的光谱色带，从而发现了光与色之间的关系，为艺术实践提供了科学的理论基础。

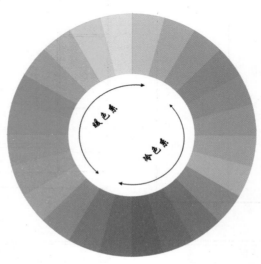

色轮

模块七 计算机美术的应用

任何一种色彩都具有3种属性：色相是颜色的基本特征，反映颜色的基本面貌；饱和度也称为纯度，指色彩的鲜艳程度、色彩的纯净程度；明度也称为亮度，体现色彩的明暗程度。

2.网页色彩应用

打开网站，给用户留下第一印象的就是网站的色彩。作为一个网页设计人员，要重视色彩在网页设计中的重要地位，并学会与色彩沟通，了解它们的特性，合理运用色彩之间的搭配，实现心中的设计方案。

（1）网页色彩搭配的一般方法

①使用单色调：指用同一色相，用其明度变化或纯度变化来搭配色彩。这种在单色相中求变化的调和方式简洁、有条理、统一、容易理解，但有单调乏味的缺点。

②使用同色系搭配：在色相环中相隔60°左右（不超过90°）的色彩搭配。这种色彩搭配可以避免网页页面的杂乱，使页面色彩有变化，又容易调和、协调。

③使用对比色搭配：在色相环中相隔90°以上，除去180°的色彩调和，运用恰当可以使页面产生显明、辉煌、华丽的效果，如果搭配不当，会相互排斥，显得杂乱而粗俗。

④使用补色搭配：补色是非常对立的颜色，处理得当可以使页面华丽，处理不当则会使画面相互排斥，缺乏主题和重心。

 练一练

把网页色彩搭配的一般方法填写在下面：

使用单色调	
使用同色系搭配	
使用对比色搭配	
使用补色搭配	

（2）色彩搭配的一般原则

①主题鲜明。网页色彩的运用应在企业文化的基础上，与企业的文化内涵相吻合，突出其特点，留下深刻印象。企业有VI系统的，应该和VI系统相统一。

②色彩的关联性。色彩的变化具有流行性。整个社会的现状或重大事件的发生都会影响集体意识的变化。

③色彩的有效性。了解网站欲传达的内容，一定要对网站传达的信息有充分的认知，在这个前提下再进行色彩的搭配。强调自然环保可以用蓝、绿色系为主；诉求重点为现代、科技可以用蓝、蓝黑色等。

197

www.icoke.cn网站

（3）具体网站配色分析

一个站点通常只使用 2 ～ 3 种标准色，并注意色彩搭配的和谐。一般我们可以把它概括为主色、辅助色、点睛色和背景色，它们在页面中组成和谐的色彩搭配，形成有自己特点的配色方案。

主色　　辅助色　点睛色　背景色　　　　　主色　　　点睛色　　　背景色

home.disney.go 网站　　　　　　　　　asia.nokia.com网站

198

练一练

把下面网页中的色彩在网页中的作用名称填写在下面。

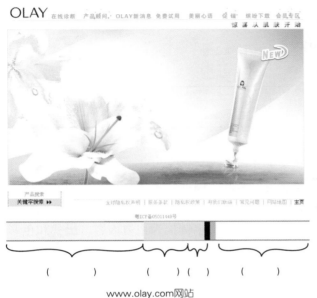

（　　）　　（　）（　）　（　　）　　　　　（　　）　　（　Ｘ　）　（　　）

www.olay.com网站　　　　　　　　www.masterkong.com.cn网站

当然，有些网站为了给浏览者留下深刻的印象，选择在背景上作文章。比如一个空白页的某一部分用了很亮的一个大色块，是不是让你豁然开朗呢！此时，为了吸引浏览者的视线，突出的是背景，所以文字就要显得暗一些，这样文字才能跟背景分离，便于阅读。

logo和banner是宣传网站最重要的部分之一，所以这两个部分一定要在页面上脱颖而出。怎样做到这一点呢？可以将logo和banner做得鲜亮一些，也就是色彩方面跟网页的主题色分离开来。有时候为了更突出，也可以使用与主题色相反的颜色。

导航、小标题是网站的指路灯。浏览者要在网页间跳转，要了解网站的结构、网站的内容，都必须通过导航或者页面中的一些小标题。所以我们可以使用稍微具有跳跃性的色彩吸引浏览者的视线，让浏览者感觉网站清晰明了，层次分明。想往哪里走都不会迷失方向。

一个网站不可能只是单一的一页，所以文字与图片的链接是网站中不可缺少的一部分。这里特别指出文字的链接，因为链接区别于文字，所以链接的颜色不能跟文字的颜色一样。现代人的生活节奏相当快，不可能浪费太多的时间在寻找网站的链接上。设置独特的链接颜色，让人感觉它的独特性，自然而然点击鼠标。

 想一想

网页色彩有哪些搭配方式，原则是什么？

练一练

　　为自己设计的网页做一个色彩搭配方案。

六、网页设计的风格

　　不同网站的设计要求和信息传达的侧重点不同，因此，也就形成了不同的风格。例如：综合门户网站访问量高、信息容量大等特点，包含了时尚生活、时事新闻、运动娱乐等众多栏目，因此要求其定位准确。首页以文字链接为主要内容，版式和色彩较为直观、简洁，以便浏览者在最短的时间内链接到下一页面。

　　政府机构注重网站的功能，便于网上办公、与网民交流互动。色彩和版面编排上力求体现其严肃认真，庄重大气。

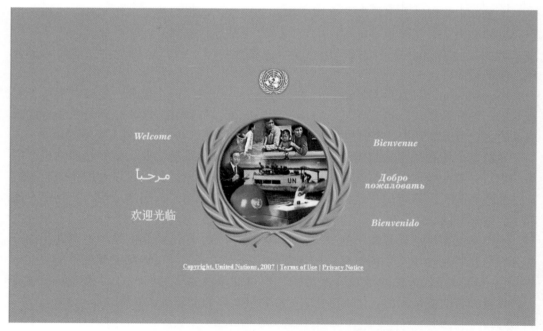

　　www.un.org网站，中间的圆形表现了世界人民的团结，浅蓝色为主色体现了和平的愿望，整个页面庄重大方，体现了联合国网页的主题

　　人文艺术类网站的内容文化气息浓郁，通过清爽、朴实、雅致的色彩和版面编排，体现其独特的文化气息。

www.namoc.org中国美术馆网站

商业类网站是作为企业商家的形象在网上的展示，是企业宣传的有效形式。通过网站向客户传达产品信息和经营理念，同时也较好地树立了企业形象。其更加强调功能上的完善，注重客户同公司、企业的互动，如网上购物、反馈产品信息等。

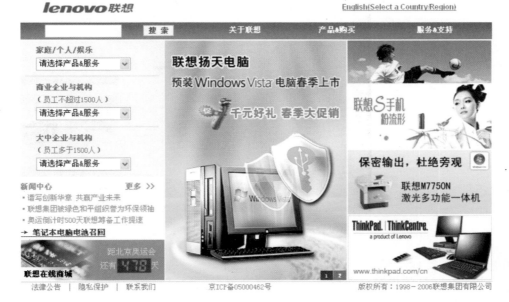

www.lenovo.com.cn网站

www.ocean.com网站，页眉与页脚的曲线构成了海浪的形状，以蓝色为页面主色，体现了网页的主题

少儿类网站的内容活泼生动，充满童真气息，通过鲜活、明丽的色彩和版面编排，体现其独特气息。

www.hasbro.com/games网站，此网页配色鲜艳，插图活泼，体现针对游戏，玩具行业的网站特点

 练一练

总结一下各类网站设计的风格特点。

政府机构类	
人文艺术类	
商业类	
少儿类	
逸乐休闲类	
门户网站类	

好的网页不但需要设计师还需要后台编程人员与其合作，建议设计师在设计网页前和编程人员保持良好的专业沟通，取得关于类似网站更新、维护、页面互动效果的技术支持是很重要的。

接到网页设计任务以后，不要急于在软件里面开始制作，最好能在纸上根据信息的类别和主次关系先绘制布局表格的草图，确定好大的布局关系以后再开始制作，美观的网页设计是以科学合理的信息布局为基础的。

动画、互动效果、炫目的图片也都是网页版式设计的工具但却不是目的，千万不要为追求效果而设计，好的网页版式设计始终以传达信息完美功能为目的。

 想一想

说一说你想到的网站种类在设计的时候要注意哪些行业特点？

_____

_____